Steffen Dörner

Multifrequenzausleseverfahren von supraleitenden Einzelphotonen-Detektoren

Karlsruher Schriftenreihe zur Supraleitung Band 027

HERAUSGEBER

Prof. Dr.-Ing. M. Noe
Prof. Dr. rer. nat. M. Siegel

Eine Übersicht aller bisher in dieser Schriftenreihe erschienenen Bände finden Sie am Ende des Buches.

Multifrequenzausleseverfahren von supraleitenden Einzelphotonen-Detektoren

von
Steffen Dörner

KIT Scientific Publishing

Karlsruher Institut für Technologie
Institut für Mikro- und Nanoelektronische Systeme

Multifrequenzausleseverfahren von supraleitenden Einzelphotonen-Detektoren

Zur Erlangung des akademischen Grades eines Doktor-Ingenieurs von der KIT-Fakultät für Elektrotechnik und Informationstechnik des Karlsruher Instituts für Technologie (KIT) genehmigte Dissertation

von M.Sc. Steffen Dörner

Tag der mündlichen Prüfung: 16. Juli 2019
Hauptreferent: Prof. Dr. rer. nat. Michael Siegel
Korreferent: Prof. Dr. rer. nat. Uli Lemmer

Impressum

KIT Scientific Publishing

Karlsruher Institut für Technologie (KIT)
KIT Scientific Publishing
Straße am Forum 2
D-76131 Karlsruhe

KIT Scientific Publishing is a registered trademark of Karlsruhe Institute of Technology.
Reprint using the book cover is not allowed.

www.ksp.kit.edu

Print on Demand 2019 – Gedruckt auf FSC-zertifiziertem Papier

ISSN 1869-1765
ISBN 978-3-7315-0961-5
DOI 10.5445/KSP/1000097491

Vorwort

Die vorliegende Arbeit entstand während meiner Tätigkeit als wissenschaftlicher Mitarbeiter am Institut für Mikro- und Nanoelektronische Systeme (IMS) am Karlsruher Institut für Technologie (KIT). An dieser Stelle möchte ich die Gelegenheit ergreifen, mich bei all denjenigen herzlichst zu bedanken, die wesentlichen Anteil am Gelingen der Arbeit hatten. Zuallererst geht mein aufrichtiger Dank an Prof. Dr. rer. nat. Michael Siegel, der mir die Möglichkeit zur Durchführung dieser Arbeit gegeben und auch das Hauptreferat übernommen hat. Ebenso bedanke ich mich bei Herrn Prof. Dr. rer. nat. Uli Lemmer für die Übernahme des Korreferats.

Mein besonderer Dank gilt Dr.-Ing. Stefan Wünsch, ohne den ich wahrscheinlich nie den Weg der Promotion eingeschlagen hätte. Er stand mir über die gesamte Zeit zuverlässig als fachlicher Betreuer sowie als guter Freund zur Seite. Bedanken möchte ich mich aber auch insbesondere bei Michael Merker, Artem Kuzmin und Alexander Schmid für das tolle freundschaftliche Verhältnis, und dass sie immer gerne bereit waren mich im Labor wie auch privat zu unterstützten.

Mein Dank gilt natürlich auch allen anderen aktiven und ehemaligen Kollegen und Kolleginnen des Instituts für die gute Zusammenarbeit und das angenehme Umfeld. In alphabetischer Reihenfolge sind dies Matthias Arndt, Ilya Charaev, Doris Duffner, Karlheinz Gutbrod, Dagmar Henrich, Matthias Hofherr, Konstantin Ilin, Frank Ruhnau, Ekkehart Schmidt, Alexander Stassen und Philipp Trojan. Ich möchte auch allen Studenten danken, die sowohl im Rahmen ihrer Bachelor- als auch Masterarbeiten zum Erfolg dieser Arbeit beigetragen haben. Besonders danke ich dabei Stefan Singer und Klaus Graf für ihren überdurchschnittlichen Einsatz und die tolle gemeinsame Zeit. Außerdem danke ich der „Karsruhe School of Optics and Photonics“, für die vielen Möglichkeiten mich ebenso fachlich wie auch beruflich weiterzubilden und nicht zuletzt für die finanzielle Unterstützung während meiner gesamten Arbeit.

Von ganzem Herzen möchte ich mich auch bei meinen Eltern Astrid und Gerhard sowie meinem Bruder Thomas für die bedingungslose Unterstützung nicht nur während meiner Promotion, sondern auch während meiner gesamten schulischen- und universitären Ausbildung bedanken. Zu meiner Familie zähle ich auch meine Freundin Anna, bei der ich mich abschließend für die unverzichtbare moralische Unterstützung während der gesamten Promotion und im Speziellen während der Verfassung dieses Manuskripts bedanken möchte.

Inhaltsverzeichnis

1 Motivation

Optische Technologien entwickeln sich immer mehr zum Innovationstreiber des 21. Jahrhunderts. Viele Bereiche, darunter die Telekommunikation, bildgebende Verfahren für die Medizintechnik oder berührungslose Messverfahren zur Qualitätskontrolle profitieren maßgeblich von neuen Entwicklungen auf dem Gebiet der Photonik. Das verwendete Werkzeug ist dabei das Licht, welches sich aus einzelnen Energiepaketen, den sogenannten Photonen, zusammensetzt. In vielen Einsatzbereichen ist dabei die Leistungsfähigkeit (Datenrate oder Bildauflösung eines Systems) von der Sensitivität abhängig, wie genau diese Energiepakete erfasst werden können. Einige Anwendungen fordern sogar eine Auflösung bis in den Einzelphotonenbereich. Beispielsweise sei hier die Entwicklung von Quantencomputern [1], von optischen Datenübertragungen über weite Strecken bis ins Weltall [2], die Positronen-Emissions-Tomographie [3] in der Nuklearmedizin oder die Fluoreszenzlebensdauer-Mikroskopie zur Bildgebung in der Biomedizin [4] genannt. Zusätzlich zu der hohen Empfindlichkeit der Detektoren wird in vielen Anwendungen auch eine genaue zeitliche Auflösung gefordert. Speziell in der optischen Datenübertragung muss ein potentieller Detektor sogar in der Lage sein, die Ankunftszeit der Photonen bis in den ps-Bereich zu erfassen.

Für diese Zwecke werden meist Detektoren aus Halbleitermaterialien verwendet. Die prominentesten Vertreter sind dabei der Photoelektronenvervielfacher (engl. Photomultiplier Tube, PMT) [5] und die Einzelphotonen-Avalanche-Diode (engl. Single-Photon Avalanche Diode, SPAD) [6]. Beide Detektoren erreichen eine Auflösung bis in den Einzelphotonenbereich, wobei die Detektionseffizienz (DE) von PMTs im sichtbaren Wellenlängenbereich bei 40 % und die der SPAD bei 75 % liegt. Sollen Photonen mit einer höheren Wellenlänge erfasst werden sinkt die DE jedoch stark ab. Speziell bei der in viele Anwendungen verwendeten Wellenlänge von 1550 nm erreichen PMTs nur noch 2 % und SPADs 26 % [7, 8]. In einer Anwendungen wie beispielsweise einer optischen Kommunikation bedeutet die geringe DE somit eine Limitierung der möglichen Datenrate. Wird eine höhere Datenrate benötigt so muss eine andere Art von Detektor verwendet werden.

Neben Detektoren aus Halbleitermaterialien existieren auch supraleitende Detektoren. Diese werden bei kryogenen Temperaturen nahe des absoluten Nullpunkts betrieben. Bei diesem Arbeitspunkt herrschen sehr niedrige Rauschpegel, weshalb sich eine optimale Umgebung zur Erfassung geringer Energiemengen bietet. Um die Funktion von supraleitenden Detektoren zu verstehen, reicht ein einfaches Modell des supraleitenden Zustands aus. Wird ein supraleitendes Material unter seine Sprungtemperatur T_C abgekühlt, so findet der Ladungstransport nicht mehr über Elektronen, sondern über sogenannte Cooper-Paare statt. Diese Cooper-Paare weisen im Gleichstromfall einen nicht messbar kleinen Widerstand auf, weshalb von einem verlustlosen Leiter gesprochen wird. Der Übergang zwischen dem verlustlosen supraleitenden- und normalleitenden Zustand zeigt dabei eine sehr geringe Energielücke in der Größenordnung von circa 1 meV. Durch die Absorption geringer Energiemengen, wie die von einzelnen Photonen, können entsprechend Cooper-Paare zu Elektronen aufgebrochen werden. Messtechnisch erfassbar ist dieser Vorgang anhand der auftretenden Widerstandsänderung des Leiters. Detektoren, die auf diese Weise den supraleitenden Zustand zur Einzelphotonen-Detektion verwenden, erreichen Detektionseffizienzen nahe der Quantengrenze über ein großes Spektrum bis in den infraroten Bereich.

Um in einer Anwendung beispielsweise eine Bildgebung zu realisieren, die Datenrate zu steigern oder die Photonenzahl-Auflösung zu erhöhen, müssen die Detektoren zu Arrays verschaltet werden. Die dabei entstehenden Systemkosten sind hauptsächlich durch die notwendige Kühlleistung definiert. Demnach muss die Anzahl an Verbindungsleitungen in den Kryostaten so gering wie möglich sein, da jede Verbindung einen zusätzlichen Wärmeeintrag bedeutet. Für den effizienten Betrieb eines supraleitenden Detektorarrays ist somit ein Multiplexverfahren essentiell. Dieses ermöglicht die Mehrfachnutzung eines gemeinsamen Kanals zur zeitgleichen Übertragung einer Vielzahl an Detektorsignalen. Im Idealfall können sogar alle Detektoren mit nur einer gemeinsamen Ausleseleitung ausgewertet werden. Um dabei einen Informationsverlust zu vermeiden, muss allerdings jedes Signal wieder eindeutig einem Pixel zugeordnet werden können.

Bisher demonstrierte Multiplex-Ansätze zur Auslese von supraleitenden Detektoren konnten diese Anforderungen nur bedingt erfüllen. In einigen Ansätzen zeigten sich Verluste der zeitlichen-, räumlichen- und\oder der Photonenzahl-Auflösung. Andere Konzepte führen zu einer deutlichen Steigerung der schaltungstechnischen Komplexität oder offenbarten nur ein begrenztes Potential die Anzahl an Kabelverbindungen zu reduzieren. Im Rahmen dieser Arbeit wurde sich daher mit der Entwicklung eines neuen Multiplexverfahrens zum Betrieb von supraleitenden Detektorarrays beschäftigt. Es soll die Detektorsignale ohne Informationsverlust übertragen, die Anzahl an Verbindungsleitungen zum Array deutlich reduzieren und die Systemkomplexität dabei gering halten.

Zur konzeptionellen Entwicklung dieses Verfahrens wird in Kapitel 2 ein detaillierter Überblick über bisher demonstrierte Multiplexverfahren gegeben. Anhand dieser Beispiele werden dann die Vorteile einer Multifrequenz-Auslese von supraleitenden Einzelphotonen-Detektoren herausgestellt. Die erfolgreiche Realisierung eines solchen Frequenzmultiplexverfahrens, das zeitliche Auflösungen bis in den ps-Bereich bietet, wird in Kapitel 3 beschrieben. Dabei wird der Detektor, ein sogenannter „Supraleitender Nanodraht Einzelphotonen-Detektor“ (SNSPD) in eine Multiplexschaltung integriert. So wird nicht nur die Reduktion der Ausleseleitungen, sondern auch die Verringerung der zur Arbeitspunkteinstellung benötigten Kabelverbindungen ermöglicht. Das Konzept erlaubt den Betrieb eines skalierbaren Detektorarrays mit nur einer gemeinsamen Ausleseleitung, was in Kapitel 4 an einem 16-Pixel-Array demonstriert wird. Hierbei wird die individuelle Arbeitspunkteinstellung aller Pixel vorgeführt und die zeitliche-, räumliche- sowie die Photonenzahl-Auflösung des Arrays präsentiert.

Damit neben SNSPDs auch andere kryogene Detektoren in einem Multifrequenz-Ausleseverfahren betrieben werden können, wird in Kapitel 5 ein weiterer Multiplexansatz vorgestellt. Es handelt sich dabei um ein supraleitendes Galvanometer, welches eine Detektorantwort sensitiv erfassen kann. Abhängig von der gemessenen Stromstärke wird gleichzeitig eine Trägerfrequenz im GHz-Bereich moduliert. Die Schaltung kombiniert somit sowohl die Funktion eines Stromsensors, als auch die einer Multiplexschaltung. Dies wird an der erfolgreichen Auslese verschiedener kryogener Detektoren gezeigt. Zum Ende des Kapitels wird dann die Erweiterung des einzelnen Galvanometers zu einem Array demonstriert.

2 Systemaufbau zum Einzelphotonen-Nachweis mit supraleitenden Detektorarrays

Das Prinzip von optischen Detektoren besteht darin, eine absorbierte Energiemenge in ein elektrisches Signal umzuwandeln. Diese generierte Information kann dann mit einer Auswertungselektronik gemessen und verarbeitet werden. Die Auflösung ist dabei sowohl von der Empfindlichkeit des Detektors auf eine einfallende Strahlung als auch durch die Messgenauigkeit der Elektronik bestimmt. Soll in einer Anwendung der Nachweis von Einzelphotonen erbracht werden, so wird zum einen ein äußerst sensitiver Detektor sowie eine hochauflösende Auswertungselektronik benötigt. Zu Beginn dieser Arbeit wird daher der notwendige Aufbau beschrieben, wie mit supraleitenden Detektoren Lichtintensitäten bis in den Einzelphotonen-Bereich erfasst werden können.

Viele Kennzahlen optischer Systeme, wie beispielsweise die räumliche- und spektrale Auflösung oder die aktive Fläche, sind durch die Anzahl an vorhandenen Detektoren im Array bestimmt. Dabei gilt, je mehr Detektoren desto besser die Auflösung oder umso höher die Bildrate des Systems. Mit einer steigenden Zahl an Pixeln steigt allerdings auch die Anzahl an Informationen, die eine Auswertungselektronik gleichzeitig erfassen muss. Werden alle Signale auf einem eigenen Kanal übertragen, bedeutet dies einen enormen Anstieg der Komplexität und der Kosten durch jeden weiteren Detektor im System. Im Falle von supraleitenden Detektoren ergibt sich ein zusätzlicher Kostentreiber in den notwendigen Kabelverbindungen zwischen dem Array und der Elektronik. Die Detektoren werden üblicherweise bei der Siedetemperatur von flüssigem Helium (4,2 K) oder darunter betrieben. Die Auswertungselektronik muss hingegen bei Raumtemperatur betrieben werden. Jede Verbindungsleitung zwischen beiden Komponenten bildet entsprechend eine Wärmebrücke, wodurch die notwendige Kühlleistung zum Betrieb des Arrays steigt.

In dieser Arbeit wird daher ein Auslesekonzept entwickelt, wie die Informationen aller Detektoren innerhalb eines Arrays über einen gemeinsamen Kanal optimal übertragen werden

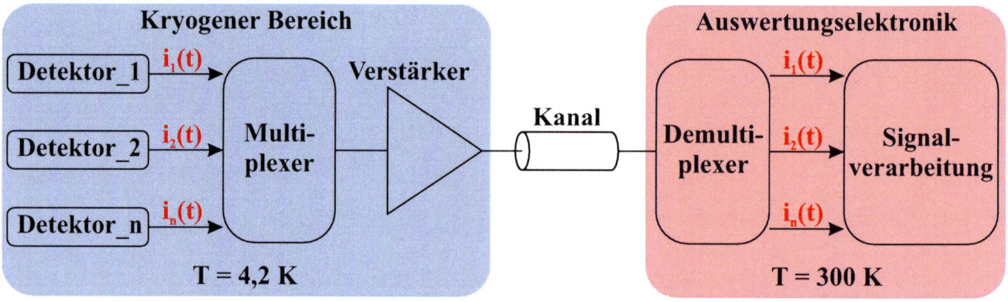

Abbildung 2.1: Blockschaltbild eines Systemaufbaus, um mehrere supraleitende Detektoren über einen gemeinsamen Kanal bei Raumtemperatur auszuwerten. Die Signale der Detektoren werden über Multiplexer moduliert, anschließend verstärkt und gemeinsam übertragen. In der Auswertungselektronik wird das Gesamtsignal wieder in die Einzelsignale durch Demultiplexer aufgeteilt und anschließend verarbeitet.

können. Das Verfahren soll dabei einen Kompromiss zwischen geringer Systemkomplexität, möglichst wenigen Kabelverbindungen in den kryogenen Bereich, sowie eines möglichst geringen Informationsverlust bei der Signalübertragung bilden. Um diesen Kompromiss zu finden, werden nachfolgend zuerst die drei meist verbreitetsten Multiplexverfahren zur Übertragung von Informationen über einen gemeinsamen Kanal beschrieben. Der Systemaufbau ist dabei für jedes Verfahren ähnlich und wird durch Abbildung 2.1 dargestellt. Zu sehen sind die einzelnen Baugruppen zur Konditionierung und Bündelung der Informationen, um sie gemeinsam auf einem Kanal zu übertragen. In der Auswertungselektronik wird das gebündelte Signal dann wieder in die einzelnen Detektorsignale aufgeteilt und ausgewertet.

In den anschließenden Kapiteln werden die Methoden der Einzelblöcke erklärt und beispielhaft der Signalweg unter Verwendung der verschiedenen Multiplexverfahren vom Detektor bis zum Kanal aufgezeigt. Eine detaillierte Erläuterung des Signalpfads in der Auswertungselektronik ist hingegen nicht Teil dieser Arbeit. Für eine ausführliche Erklärung der Signalrekonstruktion wird daher auf die Literatur [9, 10] verwiesen. Zum Ende des Kapitels erfolgt dann eine Gegenüberstellung der verschiedenen Multiplexverfahren hinsichtlich ihrer Eignung zur Auslese von supraleitenden Detektorarrays.

2.1 Übertragung der Detektorsignale auf einem gemeinsamen Kanal

Für die Übertragung mehrerer Signale auf einem gemeinsamen Kanal ergeben sich verschiedene Anforderungen. Zum einen müssen sich die Signale in einer Dimension, wie beispielsweise der Zeit oder der Frequenz unterscheiden. Ist keine Unterscheidung der Signale möglich, können sie nach der Übertragung nicht mehr den ursprünglichen Sendern zugeordnet werden. Die drei meist genutzten Multiplexverfahren sind dabei das Zeit-, Frequenz- und das Codemultiplexverfahren, auf die nachfolgend eingegangen wird. Eine abschließende Gegenüberstellung der drei Verfahren erfolgt zum Ende des Kapitels.

Neben den Anforderungen des Multiplexverfahrens, gibt es aber auch Anforderungen an den Kanal. Dieser muss eine hinreichende Kapazität aufweisen, um die erforderliche Informationsmenge übertragen zu können. Bevor im weiteren Kapitel auf die Mehrfachnutzung des Kanals eingegangen wird, soll zunächst geklärt werden wie viel Information auf einem Kanal übertragen werden kann.

2.1.1 Die Kanalkapazität

Die Informationstheorie legt eine fundamentale Obergrenze für die Menge an Information fest, die auf einem Kommunikationskanal übertragen werden kann. Die mögliche Datenübertragungsrate C_K ist dabei von der Bandbreite B des Kanals, sowie von den vorhandenen Kommunikations-Symbolen L abhängig. Nach dem Shannon-Hartley-Gesetzt [11, 12] ergibt sich die Datenübertragungsrate für statistisch gleichverteilte Symbole zu

$$C_K = 2 \cdot B \cdot log_2(L) \tag{2.1}$$

Soll auf einem Kanal hingegen ein Analogwert wie beispielsweise eine Spannung übertragen werden, so repräsentiert L die möglichen Quantisierungsstufen des Analogwerts. Diese sind durch das vorhandene Rauschen auf dem Kanal definiert, weshalb sich die Gleichung für die Datenübertragungsrate unter der Annahme von additivem weißen gaußschen nach

$$C_K = B \cdot log_2 \cdot (1 + \mathrm{SNR}) \tag{2.2}$$

beschreiben lässt [11, 12]. SNR bezeichnet dabei den Signal-Rausch-Abstand.

Die so gefundene Kanalkapazität limitiert die Anzahl an Detektoren N, die über einen gemeinsamen Kanal ausgelesen werden können. Es ergibt sich

$$N_{max} = \frac{C_K}{C_D} \tag{2.3}$$

wobei C_D die Datenrate eines einzelnen Detektors darstellt. Wird das Rauschen des Detektorsignals ebenfalls als additives weißes gaußsches Rauschen angenommen, so kann C_D ebenfalls nach Gleichung 2.2 berechnet werden. Dabei stellt B dann die Bandbreite des Detektors und

SNR den Signal-Rausch-Abstand des Detektorsignals zum Rauschsignal dar. Die Anzahl N_{max} ist somit stark vom Detektor abhängig.

Als Beispiel soll die Datenrate eines Einzelphotonen-Detektorsystems mit gängigen Parametern bestimmt werden. Der Detektor weist eine minimale Energieauflösung von 0,1 eV auf und detektiert infrarote Photonen der Wellenlänge 1550 nm (~ 0,8 eV). Die Bandbreite des Detektorsignals ist dabei auf $B = 1$ MHz limitiert, wodurch sich eine Datenrate C_D nach dem Shannon-Hartley-Gesetzt von 3,17 Mbit/s ergibt. Der verwendete Auslesekanal wird durch einen notwendigen kryogenen Verstärker limitiert. Dieser weist eine Bandbreite von 4 GHz, eine Sättigungsleistung von -40 dBm sowie eine Rauschtemperatur von 8 K auf. So ergibt sich eine maximale Datenrate C_K von 71,2 Gbit/s für den verwendeten Kanal. Entsprechend könnten mit diesem System mehr als 20000 Pixel über einen gemeinsamen Kanal betrieben werden. Voraussetzung dafür ist allerdings, dass die Bandbreite des Kanals effektiv genutzt wird und die Signalanteile über die komplette Kanalbandbreite von 4 GHz verteilt sind. Wie sich die Signalanteile der Detektoren spreizen lassen, hängt vom verwendeten Multiplexverfahren ab, auf die nachfolgend eingegangen wird.

2.1.2 Das Zeitmultiplexverfahren

Beim Zeitmultiplexverfahren (engl. Time-Division Multiplexing, TDM) [9] werden alle Detektorsignale nacheinander auf einem gemeinsamen Kanal übertragen. Als klassisches Beispiel des Verfahrens kann die serielle Datenübertragung zwischen Computer und Peripheriegerät genannt werden. Überführt man die Vorgehensweise auf ein Detektorarray stünde ein gemeinsam genutzter Kanal jedem Pixel exklusiv für einen definierten Zeitbereich zur Verfügung. Für die Realisierung des Verfahrens werden dazu zusätzliche Schalter benötigt, die einen Detektor zum entsprechenden Zeitpunkt mit dem Kanal verbinden und nach Ablauf der Nutzungszeit wieder von diesem trennt. Die Synchronisation der Schalter kann dabei auf zwei unterschiedliche Weisen erfolgen.

Im synchronen Betrieb steht jedem Detektor eine feste Kanalnutzzeit innerhalb der Iteration des Auslesevorgangs zur Verfügung. Die Antworten jedes Detektors werden dabei nacheinander ausgelesen, wie es in Abbildung 2.2 schematisch für vier Detektoren angedeutet ist. Bestimmt wird die notwendige Schaltfrequenz dabei von der Pixelzahl des Arrays. Soll beispielsweise in einer Videoanwendung eine Bildrate von 25 Bildern pro Sekunde erreicht werden, so ist die Nutzungszeit jedes Detektors durch $\Delta t = 40\ \mathrm{ms}/n$ bestimmt. Dabei beschreibt n die Anzahl an Detektoren, beziehungsweise Pixel im Array. Eine steigende Pixelzahl reduziert also die Nutzungszeit jedes Detektors. Damit die Bildrate dennoch aufrechterhalten werden kann, muss jeder Detektor mit einer ebenfalls um den Faktor n ansteigenden Abtastrate ausgelesen

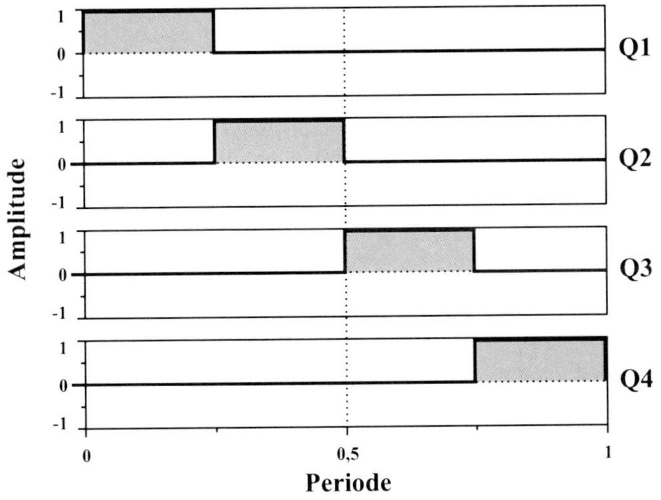

Abbildung 2.2: Schematische Darstellung der Modulationsfunktionen eines 4-Pixel-Arrays nach [13]. Während einer Periode werden die vier Ausgänge Q_1 bis Q_4 nacheinander durchgeschaltet.

werden. Entsprechend steigt die benötigte Auslesebandbreite mit jedem Pixel im Array an, was die mögliche Detektorauflösung reduziert. Der genaue Einfluss auf die Detektorauflösung wird später in Kapitel 2.4.1 näher untersucht.

Der Vorteil des synchronen TDM-Verfahrens besteht in der genauen Identifikation eines Detektors anhand des aktuellen Zeitbereichs. Damit die Einzelsignale wieder rekonstruiert werden können, muss nur auf einen gemeinsamen Takt der Auswertungselektronik und den Schaltelementen geachtet werden. Der Nachteil des Verfahrens ist die feste Datenrate jedes Detektors. Wird in der Nutzungszeit des aktiven Detektors keine Strahlung absorbiert, so wird auch keine Information übertragen. Eine bessere Ausnutzung des Kanals wird durch ein asynchrones TDM-Verfahren erreicht. Dabei erhalten die Detektoren keine festen Zeitbereiche in denen sie senden, sondern sie fordern bei Vorhandensein neuer Informationen die Sendeberechtigung auf dem Kanal an. Bei der Übertragung muss daher auch eine Identifikation des Detektors übermittelt werden, damit das Signal in der Auswertungselektronik zugeordnet werden kann. Fordern zwei Detektoren gleichzeitig die Sendeberechtigung an, so müssen die Informationen zwischengespeichert werden, um einen Informationsverlust zu vermeiden. Das Verfahren ist demzufolge aufwendiger, bietet aber in einigen Anwendungen eine effizientere Kanalausnutzung.

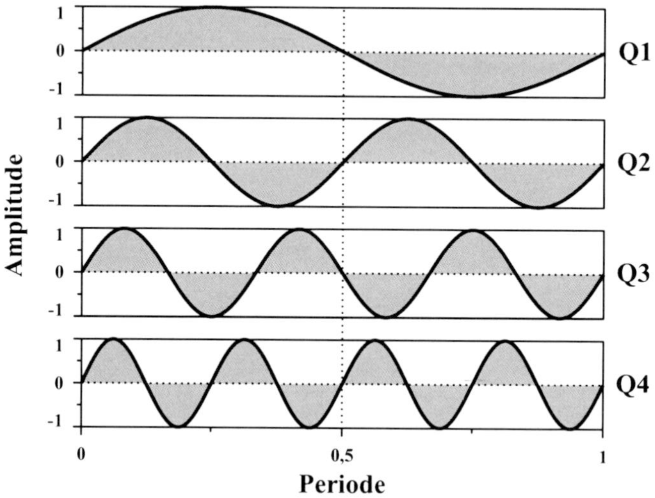

Abbildung 2.3: Überblick über die Signalmodulation eines 4-Pixel-Arrays im Frequenzmultiplexverfahren nach [13]. Die Signale Q_1 bis Q_4 liegen nun auf einer individuellen Übertragungsfrequenz und können an dieser unterschieden werden.

2.1.3 Das Frequenzmultiplexverfahren

Das Frequenzmultiplexverfahren (engl. Frequency-Division Multiplexing, FDM) [9] überträgt alle Detektorsignale gleichzeitig auf einem gemeinsamen Kanal. Damit die Signale dabei unterschieden werden können, nutzt jeder Detektor nur eine definierte Bandbreite auf dem Kanal. Als Beispiel kann der analoge Radioempfang genannt werden, bei dem jede Radiostation auf einer eigenen Frequenz sendet. Durch die Variation der Empfangsfrequenz am Radioempfangsgerät kann so zwischen den Sendern ausgewählt werden. Damit das Verfahren funktioniert, muss auf eine klare Trennung der Frequenzbänder geachtet werden. Spricht ein Sender in die Bandbreite eines anderen über oder koppelt ein Störsignal ein, so kann die ursprüngliche Information in der Auswertungselektronik nicht mehr fehlerfrei rekonstruiert werden.

Im Falle eines Arrays aus supraleitenden Einzelphotonen-Detektoren kann angenommen werden, dass alle Pixel ihre Information im gleichen Frequenzband übertragen. Somit muss eine zusätzliche Modulation jedes Detektorsignals erfolgen, bei dem der Informationsgehalt in eine definierte Bandbreite übertragen wird. Anschließend können alle Signale auf dem gemeinsamen Kanal übertragen werden und sind anhand ihrer Frequenz unterscheidbar, was in Abbildung 2.3 für die Übertragung von 4 Pixeln, angedeutet ist.

In einem n-Pixel-Array stünde demnach jedem Detektor eine feste Bandbreite $\Delta B_{Detektor} = B_{Kanal}/n$ zur Verfügung. Der große Vorteil zum TDM-Verfahren ist, dass alle Detektoren gleichzeitig senden können und durch die Trägerfrequenzmodulation bereits eine gute Aufteilung der

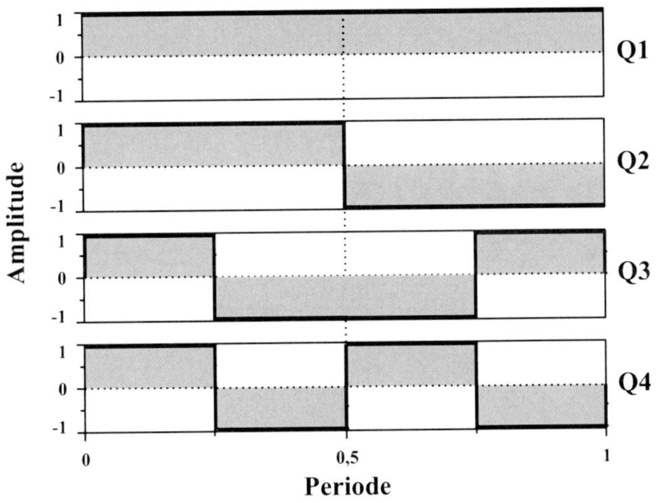

Abbildung 2.4: Graphische Darstellung der orthogonalen Codes zur Modulation der Signale im Codemultiplexverfahren nach [13]. Die Signale Q_1 bis Q_4 sind über eine individuelle Codefolge in ihrer Polarität moduliert und über eine Kreuzkorrelation mit der Folge unterscheidbar.

Detektorinformationen über der Kanalbandbreite erreicht wird. Jedoch muss auf eine geeignete Filterung der Signale geachtet werden, damit es nicht zum Übersprechen in andere Frequenzbänder kommt.

2.1.4 Das Codemultiplexverfahren

Ein Codemultiplexverfahren (engl. Code-Division Multiplexing, CDM) [9] ist ein deutlich komplexeres Verfahren, das sowohl den Frequenzraum als auch den Zeitbereich zur Übertragung nutzt. Jedes Sendesignal wird durch einen speziellen Code verschlüsselt und zeitgleich auf einem gemeinsamen Kanal übertragen. Alle verwendeten Codes müssen dabei eine spezielle Besonderheit wie die Orthogonalität zueinander aufweisen. Zur Rekonstruktion im Empfänger kann dann eine mathematische Funktion angewendet werden, um die ursprünglichen Signale zu rekonstruieren. Im Falle von orthogonalen Codes ergibt die Kreuzkorrelation des empfangenen Gesamtsignals mit dem entsprechenden Detektorcode wieder das ursprüngliche Detektorsignal. Da das Verfahren eine hohe Abhörsicherheit aufweist, wird es unter anderem in der Funkübertragung des Militärs verwendet. Aber auch Infrarot- oder Funkfernsteuerungen nutzen dieses Verfahren.

Abbildung 2.4 zeigt die Verwendung des CDM-Verfahrens zur Auslese von vier Detektoren. Alle Detektoren sind dabei die gesamte Zeit über aktiv, nur die Polarität ändert sich nach dem Muster der gewählten Codefolgen. Das CDM-Verfahren vereint somit die Vorteile eines TDM-, als auch eines FDM-Verfahrens. Alle Detektoren können zeitgleich betrieben werden und die Bandbreite der Detektorantwort wird durch die Multiplikation mit der Codefolge optimal über die Kanalbandbreite verteilt. Man spricht in diesem Fall auch vom sogenannten aufspreizen der Signale im Frequenz- als auch Zeitbereich. So ergibt sich eine bestmögliche Nutzung der Kanalkapazität bei einer gleichzeitig hohen Störsicherheit. Allerdings ist die schaltungstechnische Komplexität des Verfahrens deutlich höher als bei TDM oder FDM.

2.2 Ausgangssignale von supraleitenden Einzelphotonen-Detektoren

Für jedes Multiplexverfahren wird eine zusätzliche Signalkonditionierung benötigt, bevor die Detektorsignale auf einem gemeinsamen Kanal übertragen werden. Diese reicht vom einfachen Durchschalten des Ausgangssignals zu bestimmten Zeitpunkten bis zur Anwendung komplexer Codefolgen. Welche Spezifikationen dabei in der Verwendung von supraleitenden Einzelphotonen-Detektoren eingehalten werden müssen, wird in diesem Unterkapitel untersucht.

Der supraleitende Effekt eignet sich wegen seiner geringen Energielücke im Bereich von ~1 meV optimal zur sensitiven Detektion von kleinen Energiemengen. In den letzten Jahrzehnten wurden daher mehrere verschiedene Arten von supraleitenden Detektoren entwickelt, mit denen der Nachweis von Einzelphotonen im Spektrum vom sichtbaren bis in den infraroten Bereich möglich ist. Kommerzielle Systeme nutzen dabei als Detektorelement überwiegend das supraleitende Kantenbolometer (engl. Transition Edge Sensor, TES) oder den Supraleitenden Nanodraht Einzelphotonen-Detektor (engl. Superconducting Nanowire Single-Photon Detector, SNSPD). Das Ausgangssignal beider Detektortypen auf ein absorbiertes Einzelphoton zeigt sich als Stromimpuls, dessen Charakteristik sich stark zwischen beiden Varianten unterscheidet. Daher wird nachfolgend sowohl auf die unterschiedlichen Detektionsmechanismen als auch auf die Charakteristik der entstehenden Ausgangssignale in beiden Fällen eingegangen.

2.2.1 Das supraleitende Kantenbolometer

Einer der ersten supraleitenden Detektoren mit dem der Einzelphotonen-Nachweis gelang, ist das supraleitende Kantenbolometer [14]. Dieser Detektor arbeitet wie jeder bolometrische Detektor nach dem Prinzip einer Strahlungsabsorption und der messtechnischen Erfassung der

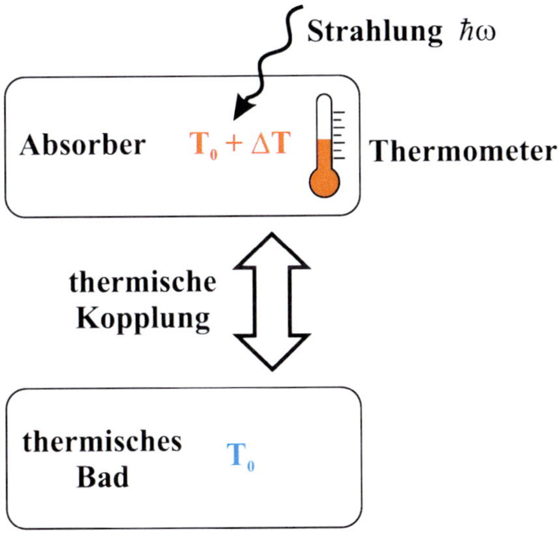

Abbildung 2.5: Schematische Darstellung der Funktionsweise eines supraleitenden Kantenbolometer anhand eines Blockschaltbilds. Eine absorbierte Strahlung erwärmt den Absorber, der sich in einer definierten Zeitkonstante wieder auf die Temperatur T_0 eines angekoppelten thermischen Bads abkühlt.

dabei entstehenden Erwärmung. Aus der gemessenen Temperaturänderung kann dann auf die absorbierte Energie rückgeschlossen werden. Das Prinzip der Detektion ist in Abbildung 2.5 dargestellt. Die zu quantifizierende Strahlung trifft auf einen Absorber mit einer definierten Wärmekapazität C, der sich durch die Absorption auf eine Temperatur $T_0 + \Delta T$ erwärmt. Diese Temperaturerhöhung wird langsam an ein thermisches Bad konstanter Temperatur T_0 abgegeben. Die Zeitkonstante für die Wärmeabgabe ist dabei von der Wärmeleitfähigkeit G der thermischen Kopplung abhängig und berechnet sich zu $\tau = C/G$. Der Unterschied eines supraleitenden Kantenbolometers zu anderen bolometrischen Detektoren besteht im verwendeten Thermometer, zur Messung der Temperaturänderung des Absorbers. Man verwendet dabei den Übergangsbereich von Supra- zu Normalleitung eines Supraleiters. Dieser Übergang weist eine sehr große Steilheit auf, so dass bei kleineren Temperaturänderungen große Widerstandsänderungen entstehen.

Abbildung 2.6.a deutet die Widerstandsänderung über der Temperatur beispielhaft für einen aus Wolfram (W) hergestellten TES an. Dieses Material hat sich zur Detektion von Einzelphotonen im Spektrum vom sichtbaren bis in den infraroten Bereich etabliert [15, 16]. Auf diese Weise ist die Messung von Temperaturunterschieden bis zu $\Delta T < 1$ mK möglich, was einer äußerst sensitiven Strahlungsmessung entspricht. Die bestmögliche Sensitivität wird dabei im steilsten Punkt der Widerstandskennlinie erreicht. Damit im Betrieb des Detektors dieser Arbeitspunkt konstant gehalten werden kann, wird eine Gegenkopplung des Arbeitsstroms

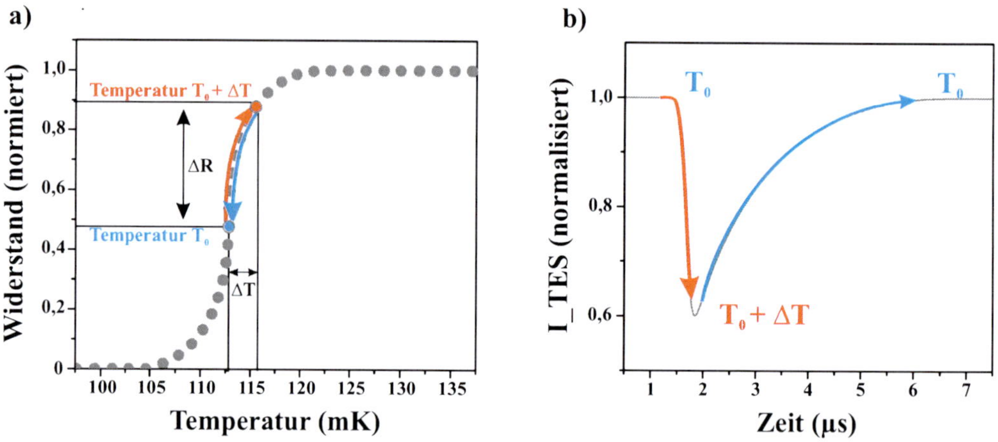

Abbildung 2.6: Übersicht über die Funktionsweise eines supraleitenden Kantenbolometer. (a) Verdeutlicht die Signalentstehung während des Betriebs. Durch die Erwärmung des Absorbers steigt der Widerstand im Thermometer, das wiederum mit einer Widerstandsänderung antwortet. Wird der Detektor mit einer spannungsgesteuerten Arbeitspunkteinstellung betrieben, so entsteht eine Stromantwort wie in (b) dargestellt.

benötigt. Ohne eine solche Gegenkopplung würde sich das Bolometer auf Grund der entstehenden jouleschen Wärme immer weiter aufheizen und den Arbeitspunkt verlassen. Abhilfe schafft eine spannungsgesteuerte Arbeitspunkteinstellung, bei der die Spannung über dem Bolometer konstant gehalten wird. Erhöht sich in dieser Konfiguration der Widerstand des Thermometers aufgrund einer Strahlungsabsorption, so reduziert sich automatisch der Arbeitsstrom bis der ursprüngliche Arbeitspunkt wiederhergestellt ist.

Die entstehende Detektorantwort eines TES im Betrieb mit einer Gleichspannung ist in Abbildung 2.6.b angedeutet. Erhöht sich die Temperatur von T_0 auf $T_0 + \Delta T$, so erhöht sich der Widerstand des Thermometers und reduziert damit den Strom am TES-Ausgang. Die Abklingzeit τ, bis der Widerstand beziehungsweise der Strom wieder auf ihren Ausgangswert von T_0 zurückkehren, ist dabei durch $\tau = C/G$ definiert. In praktischen Realisierungen ergeben sich meist Abklingzeiten im Bereich von wenigen µs [17]. Die Amplitudenänderung des Stromsignals ist bei diesem Detektortyp proportional zur Anzahl an absorbierten Photonen, wodurch eine Energieauflösung des detektierten Signals ermöglicht wird. Moderne TES-Systeme erreichen auf diese Weise Detektionseffizienzen von bis zu 95 % für Photonen mit einer Wellenlänge von 1550 nm bei einer Arbeitstemperatur $T = 100$ mK [17]. Die zeitliche Auflösung der detektierten Photonen erreicht dabei eine Genauigkeit von 4,1 ns [18].

2.2.2 Der supraleitende Nanodraht Einzelphotonen-Detektor

Ein weiterer supraleitender Detektortyp zur Einzelphotonen-Detektion ist der Supraleitende Nanodraht Einzelphotonen-Detektor [19], der seit 2001 Gegenstand der aktuellen Forschung ist. Die Funktionsweise des SNSPDs unterscheidet sich stark zu dem eines TES. Der Arbeitspunkt eines SNSPDs liegt beispielsweise nicht im Übergang vom supraleitenden in den normalleitenden Bereich, sondern bei Temperaturen $T < T_C/2$ des Supraleiters. Entsprechend liegt dem SNSPD auch ein anderer Detektionsmechanismus zu Grunde. Dieser basiert darauf, dass die Energie eines einzelnen absorbierten Photons ausreicht, um den Detektor vom supraleitenden in den normalleitenden Zustand zu bringen. Damit dies möglich ist, müssen zwei Randbedingungen erfüllt sein. Der Querschnitt des Detektors muss äußerst klein sein, um die Anzahl der supraleitenden Ladungsträger (Cooper-Paare), die zum Stromtransport zur Verfügung stehen, gering zu halten. In der Praxis weisen SNSPDs meist eine Dicke von nur 5 nm bei einer Breite des Nanodrahts von unter 100 nm auf. Entsprechend hoch sind somit auch die Anforderungen an die Technologie zur Herstellung der Detektoren. Der geringe Querschnitt des Nanodrahts allein reicht allerdings noch nicht aus um eine Einzelphotonen-Detektion zu ermöglichen. Es wird ein zusätzlicher Arbeitsstrom I_B benötigt, der den Detektor in einen kritischen Arbeitspunkt nahe der kritischen Stromdichte J_C bringt. Dieser Strom I_B, im weiteren auch Biasstrom genannt, beschleunigt die vorhandenen Ladungsträger nahe an ihren kritischen Wert. Eine zusätzlich absorbierte Strahlung bricht einzelne Cooper-Paare auf, wodurch die effektive Anzahl an supraleitenden Ladungsträgern reduziert wird. Die noch vorhandenen Ladungsträger müssen ihre Geschwindigkeit entsprechend weiter erhöhen, um den Suprastrom aufrecht zu erhalten. Dabei wird dann die Energielücke des Supraleiters überwunden und es entsteht ein normalleitender Bereich mit einem hohen Widerstand an der Absorptionsstelle [20].

Im Weiteren wird auf die Funktion des SNSPDs näher eingegangen. In Abbildung 2.7.a ist die Rasterelektronenmikroskop-Aufnahme eines gefertigten SNSPDs dargestellt. Der Nanodraht wird über eine Länge von 80 µm mäandriert geführt. Dabei liegt die Breite des Nanodrahts bei 100 nm und die Dicke bei 5 nm. So ergibt sich eine aktive Fläche des Detektors von 16 µm^2. Im elektrischen Ersatzschaltbild (Abbildung 2.7.b) kann der Draht als eine Induktivität in Serie mit einem Widerstand betrachtet werden. Der Widerstand repräsentiert den entstehenden normalleitenden Widerstand für ein Detektionsereignis. In Abwesenheit eines Detektionsereignisses ist dieser Widerstand über einen parallelen Schalter kurzgeschlossen.

Auch für diesen Detektortyp wird im Betrieb eine Stromgegenkopplung benötigt, um eine stabile Arbeitspunkteinstellung zu gewährleisten. Dies wird durch den Einsatz einer Frequenzweiche (Bias Tee) erreicht, die aus einer Induktivität und einer Kapazität besteht (vgl. Abbildung 2.7.b). Sie trennt die niederfrequenten Signale zur Arbeitspunkteinstellung (I_B) von

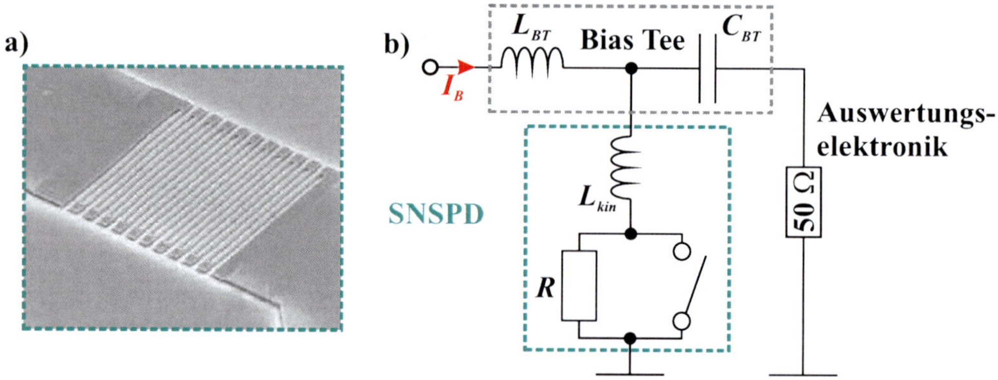

Abbildung 2.7: Überblick über einen supraleitenden Nanodraht Einzelphotonen-Detektor. Eine REM-Aufnahme des mäandriert geführten Nanodrahts ist in (a) zu sehen. (b) zeigt das elektronische Ersatzschaltbild des Detektors. Oberhalb des Detektors is eine zusätzliche Frequenzweiche (Bias Tee) angeschlossen, um das Signal der Arbeitspunkteinstellung von der Detektorantwort zu trennen. Die Auswertungselektronik ist durch ihre Impedanz von 50 Ω symbolisiert.

denen der hochfrequenten Detektorantwort. Im Betrieb fliest entsprechend der Biasstrom über den induktiven Zweig des Bias Tees durch den Nanodraht. Im Falle eines Detektionsereignis ergibt sich dann eine sehr schnelle Widerstandsänderung, wodurch auch die Spannung über der Kapazität schnell ansteigt. Analog steigt der Kondensatorstrom an, bei einem im gleichen Maße fallenden Biasstroms des SNSPDs. Für den Nanodraht bietet sich so die Möglichkeit seinen supraleitenden Zustand wiederherzustellen. Als Detektorantwort kann am kapazitiven Ausgang des Bias Tees der sich ändernde Kondensatorstrom oder, wie in Abbildung 2.8 abgebildet, die Spannungsänderung über einem Auslesewiderstand gemessen werden. Nachdem der Nanodraht wieder in den supraleitenden Zustand übergegangen ist, erfolgt die Stromumverteilung zurück in den SNSPD. Die Zeitkonstante für diesen Vorgang $\tau = L_{kin}/R_L$ ist von der kinetischen Induktivität des Nanodrahts L_{kin} und dem Widerstand der Auslesestrecke R_L abhängig [21]. In einer praktischen Realisierung liegt τ im Bereich von 1 ns und stellt einen Kompromiss zwischen maximaler Zählrate und einem stabilem Detektorbetrieb dar.

Im Gegensatz zum TES ist die Amplitude der SNSPD-Antwort immer identisch, egal wie viele Photonen zeitgleich absorbiert wurden. Der Detektor kann daher immer nur ein Ereignis gleichzeitig auflösen. Im Gegensatz zum TES kann der SNSPD aber bei einer deutlich höheren Arbeitstemperatur betrieben werden. Mit Detektoren aus Niobnitrid (NbN) wurden bereits bei einer Temperatur von 2,5 K Systemeffizienzen für Photonen einer Wellenlänge von 1550 nm von 76 % gezeigt [22]. Dieser Wert lässt sich durch die Verwendung einer Wolfram-Silizium Legierung (WSi) als Detektormaterial, auf einen Wert von 93 % steigern [23]. Allerdings reduziert sich dann die Arbeitstemperatur auf 120 mK und ist der des TES vergleichbar. Der große

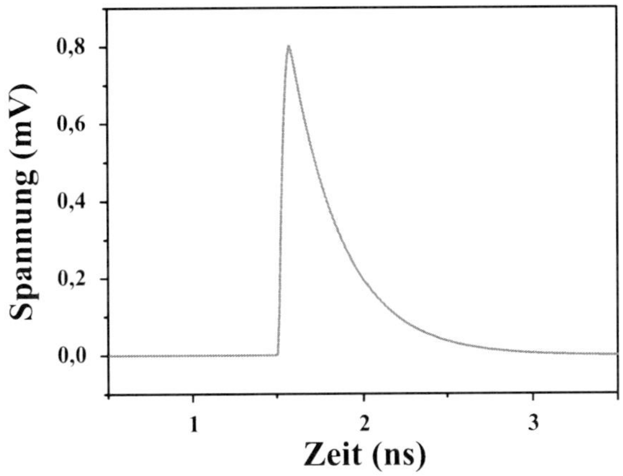

Abbildung 2.8: Veranschaulichte Darstellung einer SNSPD-Detektorantwort, die von der Auswertungselektronik (vgl. Abbildung 2.7.b) erfasst wird.

Vorteil des SNSPDs liegt in seiner Geschwindigkeit. Er ermöglicht Zählraten von bis zu einem GHz bei einer hohen zeitlichen Auflösung von wenigen ps [24].

2.3 Einsatz von Multiplexern zur Signalmodulation

Damit die Signale eines Detektorarrays bestehend aus TES oder SNSPDs auf einem gemeinsamen Kanal übertragen werden können, müssen ihre Ausgangssignale individuell durch einen Multiplexer konditioniert werden. Diese Konditionierung kann auf eine digitale oder eine analoge Weise erfolgen. Bei der digitalen Variante findet eine Erfassung der Detektorantwort bereits in der Multiplexschaltung statt und als Ausgangswert wird lediglich ein Digitalwert wie beispielsweise ein Zählerstand übertragen. Entsprechend wird eine komplexe Logikschaltung zur Messung, Auswertung und Erzeugung der Ausgangspegel benötigt. Bisher demonstrierte Verfahren nutzen dazu Schaltungen bestehend aus Josephson Kontakten (engl. Rapid single flux quantum, RSFQ) [25], deren Implementierung jedoch mit einer deutlichen Steigerung der schaltungstechnischen Komplexität einhergehen. Obwohl die RSFQ-Logik nachweislich ein enormes Potential bietet, sind bisher vorgestellte Konzepte jedoch noch nicht für den Einsatz in einer praktischen Anwendung geeignet [26]. In dieser Arbeit werden daher nur analoge Multiplexschaltungen behandelt, welche die Detektorauflösung nicht durch einen Quantisierungsschritt limitieren.

2.3.1 Multiplexer im Zeitbereich

Zeitmultiplexverfahren zur Auslese von TES-Arrays sind schon lange etabliert [27, 28]. Die notwendigen Schaltfunktionen der Detektorausgänge sind dabei meist über sogenannte SQUIDs (Superconducting QUantum Interference Device) realisiert. SQUIDs sind im eigentlichen Sinne Detektoren zur präzisen Messung von Magnetfeldänderungen. Deshalb wird für die Auslese von supraleitenden Kantenbolometern die Detektorantwort kontinuierlich über zusätzliche Spulen in ein Magnetfeld gewandelt und die entstehenden Feldänderungen dann mithilfe des SQUIDs gemessen.

Der vereinfachte Aufbau eines SQUIDs besteht aus einem supraleitenden Ring, der ein äußeres Magnetfeld Φ durch ein inneres Magnetfeld gleicher Größe aber entgegengesetzter Polarität abschirmt. Das innere Magnetfeld entsteht dabei durch einen angeregten Kreisstrom I_K im supraleitenden Ring. Zur Messung der geringen Stromänderungen werden in den Ring zwei Josephson-Kontakte (JJ) eingebracht. Durch diese Josephson-Kontakte ergibt sich bis zum Erreichen einer kritischen Stromdichte $J_{C,JJ}$ ein quantenmechanischer Tunnelstrom der Cooper-Paare, wobei $J_{C,JJ}$ deutlich kleiner als die kritische Stromdichte des Rings ist. Im Betrieb des SQUIDs wird zusätzlich zum Kreisstrom noch ein Biasstrom $I_B > I_C$ durch die Kontakte geführt. Beide JJs befinden sich dementsprechend im normalleitenden Bereich und es fällt eine Spannung über ihnen proportional zum vorhandenen Kreisstrom ab [29, 30]. Eine Schaltfunktion des SQUIDs kann deshalb einfach über die Schaltung des Biasstroms erfolgen.

Ein TDM-Verfahren basierend auf SQUID-Schaltern ist in [27] für ein 8-Pixel-TES-Array demonstriert. Dabei sind alle TES durchgehend aktiv und liefern ein Ausgangssignal proportional zur absorbierten Strahlung. Diese Stromsignale werden kontinuierlich über Koppelspulen in ein Magnetfeld gewandelt. Für jede Koppelspule existiert ein Auslese-SQUID, dessen Kreisstrom somit abhängig vom TES Signal moduliert wird. Alle SQUIDs sind dabei in Serie geschaltet, wobei ihre zugehörigen Biasströme über zusätzliche Steuerleitungen einzeln schaltbar und damit adressierbar sind. Die Gesamtspannung ergibt sich aus der Summe der Einzelspannungen aller SQUIDs, wobei nur über dem SQUID eine Spannung abfällt, das mit einem Biasstrom versorgt ist. Die Schaltung ist in Abbildung 2.9 für ein n-Pixel-Array veranschaulicht. Im Beispiel ist nur das erste SQUID im Arbeitspunkt und liefert einen Beitrag zur Gesamtspannung. Wegen des geringen Dynamikbereichs des SQUID-Eingangs werden im Betrieb zusätzliche Rückkoppelspulen benötigt. Auf diese wird das gemessene Signal im einfachsten Fall mit umgekehrter Polarität rückgekoppelt, was zu einer Linearisierung des Arbeitspunktes führt.

Mit diesem Ansatz lässt sich ein TES-Array mit nur einer Ausleseleitung betreiben. Allerdings werden zusätzliche $n+1$ Adressleitungen zur Schaltung der SQUIDs benötigt. Um die

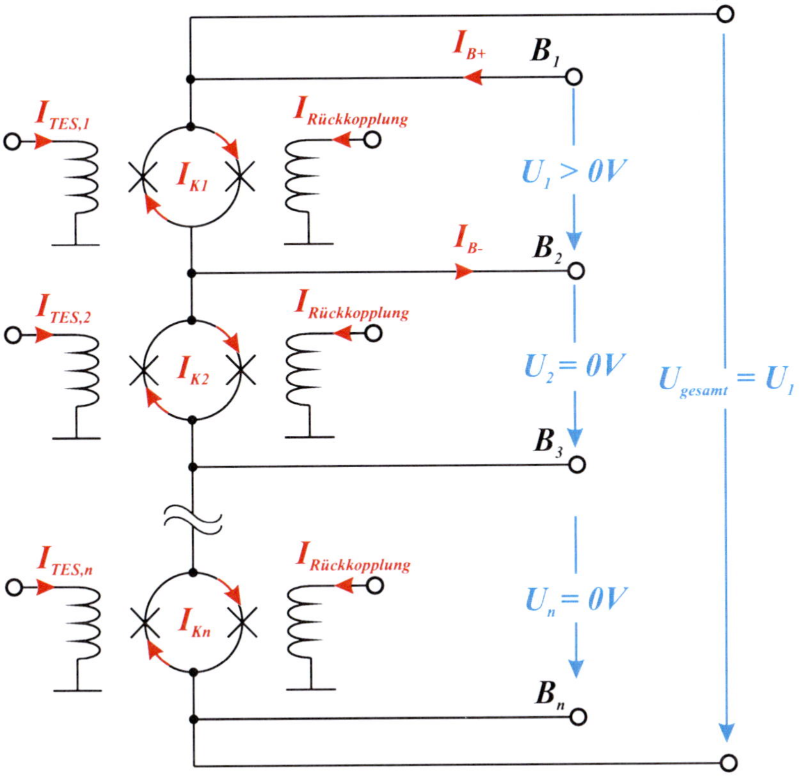

Abbildung 2.9: Zeitmultiplexverfahren mehrerer TES Detektoren basierend auf SQUID-Multiplexern nach [27]. Die TES Signale werden über zusätzliche Spulen in die SQUIDs eingekoppelt (Die JJ-Kontakte sind als Kreuze im SQUID-Ring dargestellt). Die SQUIDs werden dabei nacheinander anhand ihrer Biasströme, die über die Schnittstellen B_1 bis B_n eingestellt werden können, durchgeschaltet. Als Ergebnis wird die Gesamtspannung über allen SQUIDs gemessen.

Systemkomplexität nicht weiter zu erhöhen, arbeiten die bisher demonstrierten Zeitmultiplexverfahren im synchronen Betrieb. Demzufolge ergibt sich für jedes Pixel eine Nutzungszeit des Auslesekanals von $\Delta t = t_{Periode}/n$. Die Bandbreite des SQUIDs B_{SQUID} ist aber auf wenige MHz begrenzt, wodurch die maximale Schaltfrequenz der SQUIDs bestimmt ist. Ist die Nutzungszeit Δt eines Pixels verstrichen, benötigt es eine Periode $t_{Periode}$ bis erneut Signale des Detektors von der Auswertungselektronik erfasst werden können. Diese Totzeit limitiert demnach die Bandbreite eines zu erfassenden Signals auf $B_{Signal} = B_{SQUID}/n$.

Anhand eines Beispiel mit realistischen Parametern kann die Limitierung dieser Auslesemethode aufgezeigt werden. Soll beispielsweise ein Array bestehend aus 128 TES ausgelesen und die SQUIDs weisen eine maximale Schaltfrequenz von 10 MHz auf, so darf eine zu detektierende Strahlung keine Signalfrequenzen höher als $f_{Detektor} = f_{max,SQUID}/2n = 39,063$ kHz

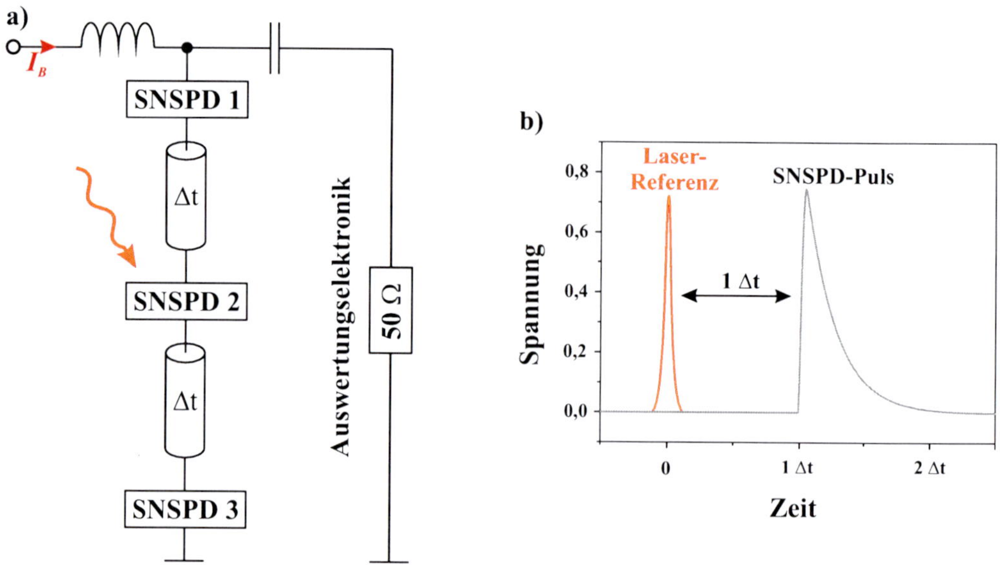

Abbildung 2.10: Zeitmultiplexverfahren mehrerer SNSPDs nach [31]. (a) zeigt das Ersatzschaltbild des Aufbaus. Alle Detektoren werden seriell von einem gemeinsamen Biasstrom durchflossen, wobei sich zwischen zwei Detektoren immer eine definierte Verzögerungsleitung (Δt) befindet. (b) stellt die gemessene Antwort des Arrays auf eine Photonendetektion im zweiten Pixel dar, sowie ein Referenzsignal der Laserquelle welche die Information über den Anregezeitpunkt enthält.

beinhalten. Ansonsten können nicht alle Signalanteile fehlerfrei rekonstruiert werden und es kommt zu einem Informationsverlust.

Auf Grund der geringen SQUID-Bandbreite scheidet ein TDM-Verfahren, wie zuvor beschrieben, zur Auslese eines SNSPD Arrays aus. Die hochfrequenten Detektorantworten auf erkannte Einzelphotonen könnten schlicht nicht übertragen werden. In [31] wird hingegen ein asynchrones Zeitmultiplexverfahren zur Auslese von SNSPDs vorgeschlagen. Dieses verwendet die hohe zeitliche Auflösung des Detektors sowie sein Detektionsmechanismus um verschiedene Detektorinformationen zu unterscheiden. Die Idee ist in Abbildung 2.10 dargestellt. Alle SNSPDs sind seriell geschaltet und werden durch definierte Verzögerungsleitungen voneinander abgegrenzt. Das erste Pixel der Kette ist mit einem Bias Tee zur Arbeitspunkteinstellung des Arrays verbunden und der letzte Detektor direkt mit Masse abgeschlossen. Auf diese Weise werden alle Pixel mit dem gleichen Strom in ihren Arbeitspunkt gebracht. Kommt es nun zu einem Detektionsereignis, so kommt es analog wie beim Einzelpixel zu einer Stromumverteilung und es entsteht ein Stromimpuls am kapazitiven Zweig des Bias Tees. Gleichzeitig reduziert sich aber der Biasstrom aller Einzelpixel, wodurch sie unempfindlich für weitere Photonen werden. Somit sorgt die serielle Arbeitspunkteinstellung dafür, dass der Kanal exklusiv dem Pixel zur Verfügung steht, das als erstes ein Photon erkannt hat.

Die Identifikation (Zuordnung) des Detektors ist über eine Laufzeitmessung der Detektorantwort zum optischen Anregungssignal realisiert. Dazu benötigt die Auswertungselektronik ein elektrisches Referenzsignal, welches den Zeitpunkt der optischen Anregung repräsentiert. In [31] wurde dies durch eine Photodiode realisiert, die bereits im verwendeten Laser implementiert war. Damit die Detektorsignale zuverlässig voneinander getrennt werden konnten, wurde eine minimale Länge der Verzögerungsleitung von 11 mm gewählt. Diese sorgten für eine zeitliche Verzögerung von 86 ps. Im Beispiel von Abbildung 2.10.b ist die auf diese Weise codierte Detektorantwort des zweiten SNSPDs dargestellt.

In [32] wurde dieser Ansatz zu einem Detektor mit großer aktiver Fläche weiterentwickelt. Statt einzelner Pixel, die von einer Verzögerungsleitung getrennt sind, wurde ein einzelner SNSPD auf eine Länge von mehr als 17 mm ausgedehnt. Die aktive Fläche des Detektors erreicht so einen Wert von 0,055 mm^2. Wie beim zuvor beschriebenen TDM-Verfahren wird auch dieser lange Nanodraht von nur einem Biasstrom durchflossen. Ausgelesen wird der Detektor von beiden Enden der Strecke, die jeweils mit einem Bias Tee abgeschlossen werden. Bei einem Detektionsereignis ergibt sich entsprechend am kapazitiven Zweig des ersten Bias Tees ein Puls analog zu den zuvor beschriebenen SNSPDs. Am zweiten Bias Tee, das am Ende des Nanodrahts angeschlossen ist ergibt sich eine weitere Detektorantwort. Da auch diese Kapazität parallel zum Nanodraht geschaltet ist, entsteht auch hier eine Spannungsänderung und folglich eine Umladung des Kondensators. Aufgrund der gedrehten Richtung des Biasstroms an dieser Stelle, ergibt sich ein Puls gleicher Amplitudenhöhe, allerdings gedrehter Polarität. Anhand der Laufzeitmessung dieser beiden Pulssignale kann dann die Absorptionsstelle im Nanodraht berechnet werden. Die räumliche Auflösung ist dabei durch die Genauigkeit der Zeitmessung definiert und wurde in [32] mit 590 unterscheidbaren Bildpunkten angegeben.

Der Vorteil eines solchen asynchronen Zeitmultiplexverfahren für SNSPDs liegt in den wenigen Verbindungsleitungen, die auf nur zwei Biasleitungen und zwei Ausleseleitungen für ein n-Pixel-Array reduziert werden können. Jedoch reduziert sich mit steigender Pixelzahl auch die Detektionseffizienz des Arrays. Nach einem erkannten Photon werden alle Detektoren unempfindlich für weitere Photonen, wodurch die Zählrate der Detektoren limitiert wird. Ebenso erlaubt das Verfahren auf diese Weise keine Photonenzahl-Auflösung. Die Detektionseffizienz wird speziell bei steigender Pixelzahl durch die serielle Arbeitspunkteinstellung weiter reduziert. Mit zunehmender Länge des Nanodrahts steigt auch die Wahrscheinlichkeit für Inhomogenitäten im supraleitenden Film. Diese Stellen können eine reduzierte kritische Stromdichte aufweisen und beeinflussen so den Arbeitspunkt aller Pixel [33].

2.3.2 Multiplexer im Frequenzbereich

Wie bereits zuvor erwähnt erhält beim Frequenzmultiplexverfahren jeder Detektor ein eigenes Frequenzband auf dem er seine Signale überträgt. Somit ist es möglich viele Detektoren mit nur einer Ausleseleitung zu betreiben. Speziell für supraleitende Detektoren, bei denen sich jede Verbindungsleitung zur Raumtemperatur direkt in den Systemkosten bemerkbar macht, stößt das FDM-Verfahren daher auf großes Interesse. Die Herausforderung des Verfahrens liegt dabei in der Wandlung der einzelnen Detektorinformationen in eine definierte Bandbreite.

Ein möglicher Ansatz besteht darin, die Arbeitspunkte der Detektoren mit definierten Frequenzen zu modulieren. Durch die Messung der Amplitude dieser Modulationsfrequenz kann dann auf die eigentliche Detektorinformation zurückgeschlossen werden. Auf diese Weise wird die Detektorinformation innerhalb der Bandbreite der Modulationsfrequenz übertragen. In [34] ist solch ein Ansatz für ein TES-Array demonstriert. Die einzelnen Pixel werden hierbei durch einen Mikrowellenstrom anstelle eines Gleichstroms in den Arbeitspunkt gebracht. Da jeder Detektor bei einer unterschiedlichen Frequenz betrieben wird, können alle Detektorsignale gleichzeitig mit nur einem SQUID ausgelesen werden.

Der Ansatz ist in Abbildung 2.11 verdeutlicht. Alle TES sind parallel zueinander geschaltet. In jedem Zweig befindet sich zusätzlich in Serie zum TES noch eine Spule sowie ein Kondensator, die einen resonanten Bandpassfilter bilden. So kann jeder Zweig beziehungsweise jeder Detektor mit einem Signal angesprochen werden, das der Resonanzbedingung des Filters genügt. Erhöht sich der Widerstand eines TES, so wird auch die Signalamplitude der entsprechenden Filter-Frequenz gedämpft. Nachdem die Signale die einzelnen Detektorpfade durchlaufen haben, werden sie in einer gemeinsamen Spule L_{Sum} in ein Magnetfeld gewandelt. Dieses Magnetfeld enthält alle Frequenzanteile und somit die Information des gesamten Detektorarrays. Ausgelesen werden diese Feldänderungen dann mit nur einem SQUID, welches die Magnetfeldänderungen wieder in ein Spannungssignal wandelt.

Im Vergleich zu einem Zeitmultiplexverfahren können so alle Detektoren zeitgleich betrieben und ausgelesen werden. Ebenso lassen sich die Verbindungen in den kryogenen Temperaturbereich deutlich reduzieren. Alle TES können nun mit einer Leitung in ihren Arbeitspunkt gebracht werden, wobei der Arbeitspunkt immer noch individuell über die Frequenz steuerbar ist. Weiter wird nur noch ein SQUID benötigt, wodurch sich die $n+1$-Adressleitungen einsparen lassen. Der Nachteil des Verfahrens liegt allerdings in der bereits beschriebenen geringen Bandbreite der SQUIDs, die das Verfahren auf eine Betriebsfrequenz im unteren MHz-Bereich limitiert. So werden äußerst schmalbandige Filter in einem niedrigen Frequenzbereich benötigt, die eine große Fläche einnehmen sowie die Systemkomplexität erhöhen.

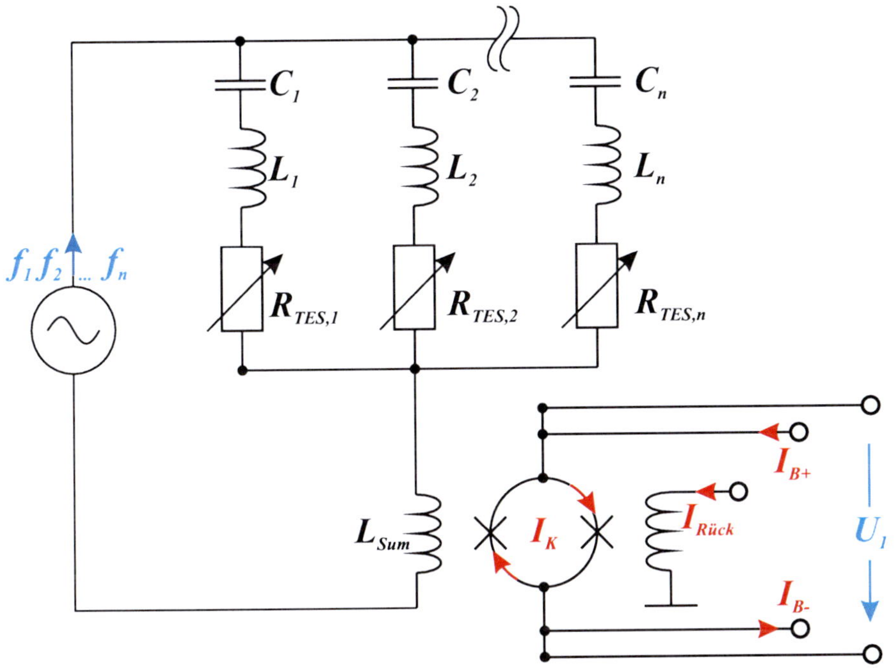

Abbildung 2.11: Frequenzmultiplexverfahren eines TES-Arrays nach [34]. Eine Signalquelle koppelt mehrere Töne auf eine gemeinsame Durchgangsleitung, an der alle TES parallel angekoppelt sind. Jeder Bolometer ist dabei in Serie mit einem Bandbass aus L_n und C_n geschaltet. Die Summe aller Detektorsignale wird anschließend von einer gemeinsamen Spule in ein Auslese-SQUID eingekoppelt.

Ein weiterentwickelter Ansatz zur Auslese von TES im Frequenzbereich wurde in [35] demonstriert. Im Vergleich zu bisher gezeigten SQUID Ausleseverfahren werden hier RF-SQUIDs eingesetzt, bei denen der supraleitende Ring nur von einem Josephson Kontakt unterbrochen ist. Durch ein externes Magnetfeld bildet sich wie im DC-SQUID ein Kreisstrom, der den Tunnelstrom durch den Josephson Kontakt moduliert. Diese Stromänderung bewirkt eine Variation der kinetischen Energie der Cooper-Paare und auf diese Weise eine Induktivitätsänderung. Im Unterschied zum DC-SQUID wird also keine Spannungsänderung sondern eine Induktivitätsänderung durch eine Magnetfeldänderung bewirkt.

Das Verfahren ist in Abbildung 2.12 für drei Pixel dargestellt. Die Detektoren werden dem Zeitmultiplexverfahren ähnlich mit einer Biasspannung in ihren Arbeitspunkt gebracht. Wie in den bisher vorgestellten Verfahren werden die Signaländerungen in Magnetfeldänderungen gewandelt. Diese erzeugen nun aber eine Induktivitätsänderung des RF-SQUIDs. Um diese Induktivitätsänderungen zu messen, werden die RF-SQUIDs jeweils an einen elektromagnetischen Resonator gekoppelt. In diesem breitet sich eine stehende Welle aus, dessen elektrische Länge von der SQUID-Induktivität beeinflusst wird. Ändert sich diese, so ändert sich die Fre-

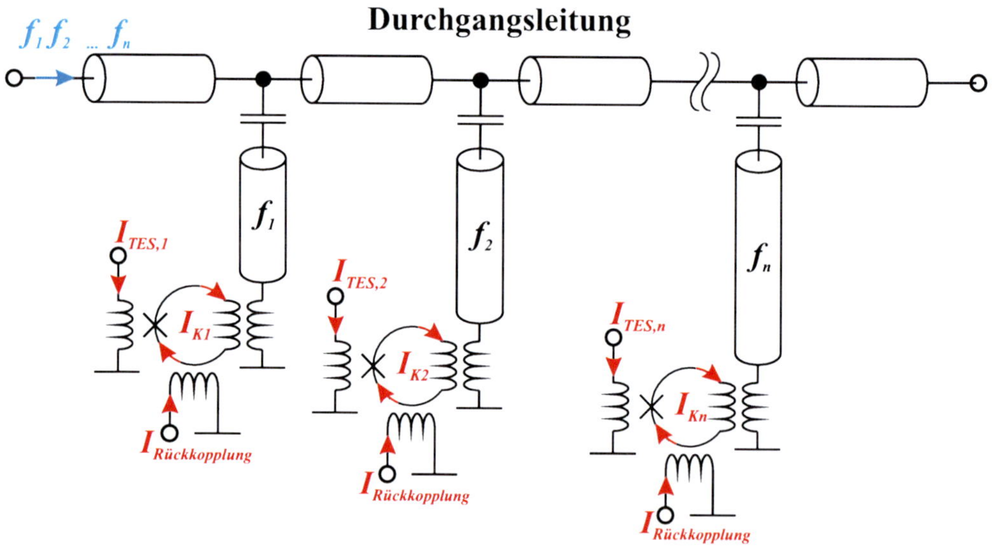

Abbildung 2.12: Darstellung eines Frequenzmultiplexverfahren von supraleitenden Kantenbolometern, basierend auf RF-SQUIDs nach [35]. Die SQUIDs sind an einen supraleitenden Leitungsresonator angekoppelt und bilden so einen Teil der Gesamtinduktivität des Schwingkreises. Alle Schwingkreise sind an eine gemeinsame Durchgangsleitung angekoppelt und können gemeinsam in einer Transmissionsmessung ausgelesen werden.

quenz der ausbreitungsfähigen Welle. Die Änderung des TES-Widerstands wird auf diese Weise in eine sich ändernde Resonanzfrequenz des Schwingkreises umgesetzt.

Der Vorteil im Vergleich zum zuvor beschriebenen Multiplexverfahren ist die deutlich höhere Auslesebandbreite. Die verwendeten Resonatoren können über einen weiten Frequenzbereich hergestellt werden, weshalb die Signalübertragung im GHz-Bereich ermöglicht wird. Ebenso entfällt die aufwendige Filterung der TES-Signale, deren Arbeitspunkte nun wieder frequenzunabhängig eingestellt werden können. Allerdings ist der Ansatz relativ komplex und benötigt einen hohen Platzbedarf zur Fertigung der SQUIDs und der Schwingkreise. Dafür ermöglicht der Ansatz neben der Auslese von TES auch die Übertragung von SNSPD-Antworten.

Frequenzmultiplexer, basierend auf SQUIDs, zeigen den größten Nachteil in der hohen Komplexität sowie Platzbedarf auf dem Chip. Einen ganz anderen Ansatz wird bei den Microwave Kinetic-Inductance Detectors (MKID) verfolgt [36, 37]. Sie zeigen einen Weg, wie der Detektor, der Multiplexer und die notwendige Signalfilterung vereint werden können. Der Detektor selbst arbeitet dabei ähnlich wie ein TES, wird aber deutlich unter der Sprungtemperatur betrieben. Anstelle einer Widerstandsänderung ergibt sich im Detektor eine Änderung der kinetischen Induktivität abhängig von der Strahlungsintensität. Diese Induktivität kann nun direkt in einen elektrischen Resonator eingebaut werden analog eines resonanten Bandpassfilters.

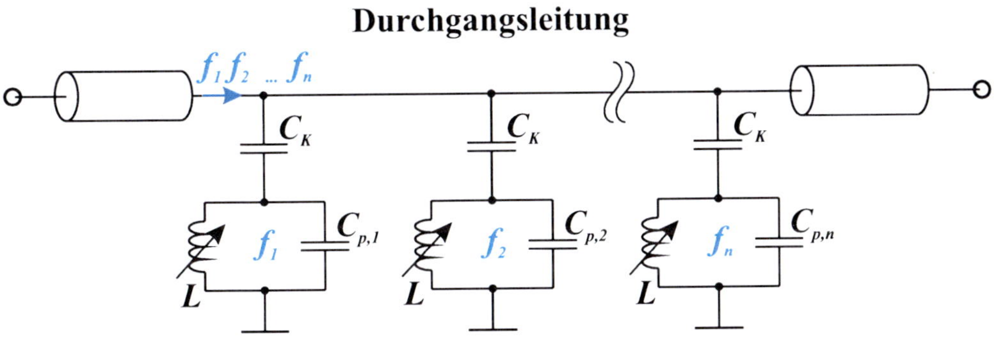

Abbildung 2.13: Schematische Darstellung eines Frequenzmultiplexverfahrens mehrerer MKIDs nach [36]. Das sensitive Element ist direkt als Induktivität in einen Parallelschwingkreis eingebaut. Alle Parallelschwingkreise sind über die Koppelkapazität C_k an eine gemeinsame Durchgangsleitung angekoppelt und können gemeinsam in einer Transmissionsmessung ausgewertet werden.

Der Vorteil des Schwingkreises ist, dass sich die Resonanzfrequenz der Schaltung einfach über die Größe der verwendeten Induktivität oder der Kapazität einstellen lässt. Alle Detektoren können so parallel an eine gemeinsame Durchgangsleitung gekoppelt werden. Für Signale, die auf der Durchgangsleitung übertragen werden, wirken die Schwingkreise als resonante Bandsperre. Der Aufbau ist in Abbildung 2.13 dargestellt. Das sensitive Element, die Induktivität, ist für jeden Schwingkreis gleich ausgeführt und die Resonanzfrequenz wird über die Größe der parallelen Kondensatoren C_{p1} bis C_{pn} definiert. Über die Kapazitäten C_K kann die individuelle Kopplung des Schwingkreises an die Ausleseleitung eingestellt werden. Diese beeinflusst die Flankensteilheit sowie die dämpfende Wirkung der Bandsperre. Zur Auswertung des Detektorarrays wird das Übertragungsverhalten der Durchgangsleitung gemessen. Die Detektorsignale werden dabei kontinuierlich in eine sich ändernde Filtercharakteristik an der entsprechenden Frequenz übersetzt. In [38] wurde so bereits der Betrieb von 2000 Pixel an einer Durchgangsleitung demonstriert. Prinzipiell eignet sich der MKID auch zur Detektion von Einzelphotonen bis in den infraroten Bereich [39]. Allerdings liegt die Zeitkonstante dabei im µs-Bereich [40], weshalb sowohl mögliche Zählraten als auch die zeitliche Auflösung des Detektors stark limitiert sind. Für viele Anwendungen scheiden sie deshalb aus.

2.3.3 Multiplexer zur Signalcodierung

Die Schaltung der Multiplexer zur Multiplikation der benötigen Codefolgen eines CDM-Verfahren mit den Detektorsignalen ähnelt im Aufbau den Schaltfunktionen eines TDM-Verfahren. CDM schaltet hingegen nicht die Signale selbst, sondern deren Polarität, wodurch die Übertragung aller Detektorsignale gleichzeitig möglich wird. So werden die Vorteile von TDM und FDM in einem Verfahren kombiniert.

Die Schwierigkeit eines CDM-Verfahren in Verwendung mit supraleitenden Detektoren liegt wie beim FDM-Verfahren in der Modulation der Detektorsignale. Bezogen auf ein TES-Array könnte die Polarität zwar einfach anhand der Biasströme jedes Pixels zeitlich variiert werden, jedoch benötigt jeder Detektor dann eine eigene Versorgungsleitung [41]. Ebenso ist die Bandbreite des Detektors stark begrenzt, weshalb die Schaltgeschwindigkeit limitiert wird. Für SNSPDs wurde ebenso bereits ein pseudo-CDM Verfahren demonstriert [42], bei dem die Codes über das Biassignal angewendet werden. Statt einer Polaritätsänderung werden die Detektoren hier ganz vom Biasstrom getrennt, was zu einem Informationsverlust führt.

Eine andere Möglichkeit die Multiplexmethode anzuwenden, liegt in der Polaritätsänderung der Detektorantworten selbst, wie es für TES in [43, 44] demonstriert wird. Das Verfahren ähnelt dabei dem eines TDM-Verfahrens basierend auf SQUIDs, allerdings benötigt es eine zusätzliche Logik um die Detektorsignale in ihrer Polarität zu drehen. Dies geschieht durch zusätzliche Spulen, deren Feld einmal in positiver und einmal in negativer Feldrichtung das SQUID durchdringen.

Die Codierung der TES-Signale anhand einer Flusssteuerung ist in Abbildung 2.14 näher verdeutlicht. Jedes Signal durchläuft mehrere Spulen, die in Serie geschaltet sind, und erzeugt somit verschiedene Magnetfelder. Im Beispiel werden für jeden Detektor demzufolge vier Spulen benötigt. Die Ausrichtung der Spulen ist mit orange für eine positive und grün für eine negative Orientierung im Bezug zum SQUID angedeutet. Die Orientierung der Spulen folgt dabei den Codes aus Abbildung 2.4. Welche Codierung aktuell Verwendung findet, wird zu jedem Zeitpunkt anhand der Adressleitungen der SQUIDs wie beim TDM-Verfahren festgelegt. In Abbildung 2.14 sind links die Biassignale über eine Periode dargestellt. Das Ausgangssignal der Multiplexschaltung wird ebenfalls wie beim TDM-Verfahren als Gesamtspannung über allen SQUIDs gemessen.

Ein CDM-Verfahren kann demnach bei der Auslese von supraleitenden Detektoren als ein weiterentwickeltes TDM-Verfahren gesehen werden. Alle Pixel können parallel betrieben werden und die Kanalkapazität wird optimal ausgenutzt. Auch die vorhandene Auswertungselektronik kann nahezu beibehalten werden, lediglich die Software muss geringfügig modifiziert werden. Der Nachteil des Verfahrens liegt in der Implementierung der Logik, um die Codefolgen anzuwenden. Eine Flusssteuerung benötigt einen großen Platzbedarf auf dem Chip und die einzelnen Felder der Spulen müssen gut gegeneinander abgeschirmt werden, um ein Übersprechen zu verhindern. Da die Anzahl an Spulen allerdings proportional mit der Anzahl an Detektoren im

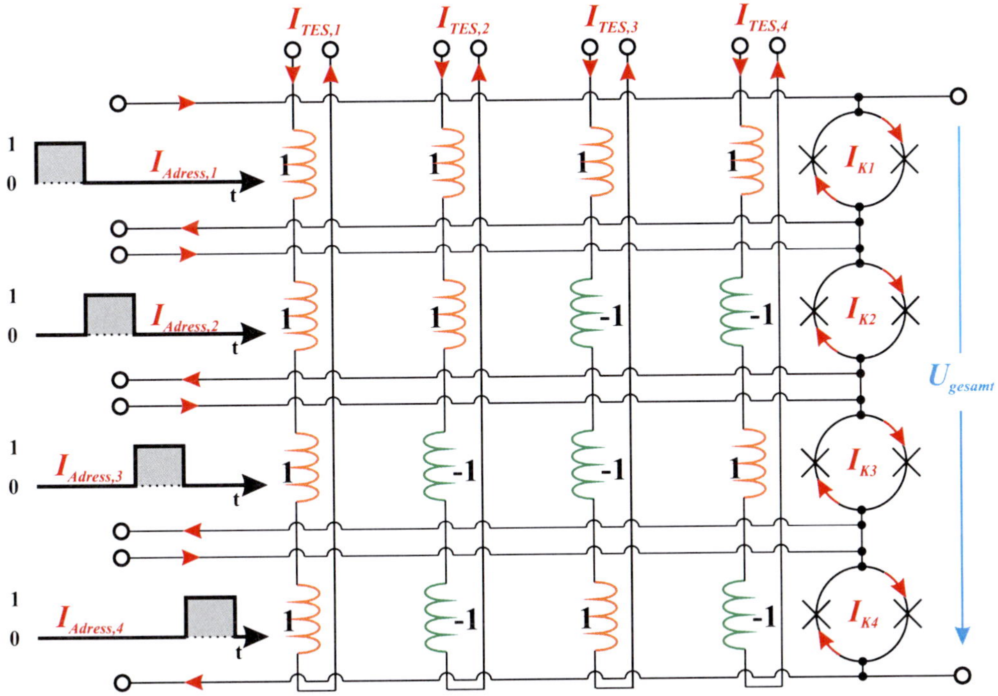

Abbildung 2.14: Aufbau einer Multiplexschaltung um die Detektorantworten von vier TES in einem Codemultiplexverfahren zu übertragen nach [43]. Die Signale jedes Detektors werden über vier unterschiedliche Spulen geführt, deren Polarität sich im Verhältnis zum SQUID ändert. Eine orange Spule repräsentiert die positive Feldkopplung, eine grüne die negative Einkopplung ins SQUID. Über vier Steuerleitungen $I_{Adress,1}$ bis $I_{Adress,4}$ können vier verschiedene Polaritäten der Magnetfelder ausgewählt werden, welche dann in ein gemeinsames SQUID eingekoppelt werden.

Array steigt, wächst auch der schaltungstechnische Aufwand, als auch der benötigte Platzbedarf immer weiter an.

2.4 Auflösung eines Einzelphotonen-Detektorsystems

Bei der Wahl des Auslesekonzeptes muss neben den im vorangegangenen Kapitel klargestellten Aspekten auch die mögliche Detektorauflösung betrachtet werden. Diese wird vom vorhandenen Rauschpegel des Gesamtsystems limitiert. Meist wird die minimale Auflösung als der Wert definiert, wenn der Signal-Rausch-Abstand zu Eins wird. Bei diesem Wert ist der Signalpegel genau gleich groß wie der Rauschpegel. Dabei werden verschiedene Rauscheinträge unterschieden, die sowohl im Detektor selbst entstehen oder auch erst im weiteren Signalpfad, beispielsweise während der Signalmodulation im Multiplexer. Aber auch schon die Wahl des Multiplexverfahren selbst beeinflusst die erreichbare Systemauflösung was nachfolgend näher untersucht wird. Anschließend folgt eine Erklärung wie ein System anhand seiner Rauschtemperatur beschrieben werden kann und wie diese durch den Einsatz von Verstärkern verbessert werden kann.

2.4.1 Einfluss des Multiplexverfahrens auf die erreichbare Systemauflösung

Rauscheinträge in einem System können allgemein in frequenzabhängige und frequenzunabhängige Anteile unterschieden werden. Um die vorgestellten Multiplexverfahren vergleichen zu können, wird daher im weiteren nur das frequenzunabhängige weiße Rauschen betrachtet. Dieses besitzt ein gleichverteiltes Leistungsdichtespektrum, weshalb nicht der Frequenzbereich in dem das Multiplexverfahren arbeitet, sondern nur die vorhandene Bandbreite den Rauschpegel bestimmt.

Zum weißen Rauschen zählt unter anderem das thermische Rauschen, das in jedem Widerstand zu finden ist. Es beschreibt die temperaturabhängige unregelmäßige Wärmebewegung von Ladungsträgern. Dieser Vorgang erzeugt selbst im unbelasteten Fall eine messbare Rauschspannung, deren Effektivwert nach [45] zu

$$U_j = \sqrt{4 \cdot k_B \cdot T \cdot R \cdot B} \tag{2.4}$$

berechnet werden kann. Eine Erhöhung der Bandbreite um den Faktor n bewirkt somit eine Steigerung der thermischen Rauschspannung um $\sqrt{n}$.

Im Vergleich der einzelnen Multiplexverfahren zeigt sich nun der große Nachteil eines Zeitmultiplexverfahrens. Wie zuvor erwähnt, müssen bei solch einem Verfahren die Detektorsignale nacheinander übertragen werden, weshalb die notwendige Systembandbreite proportional mit der Pixelzahl ansteigt. Im Beispiel eines 128 Pixel-Arrays erhöht sich demzufolge die benötigte Bandbreite proportional zu der Anzahl an Detektoren. Der minimal aufzulösende Strom reduziert sich um $\sqrt{n}$ was die Systemauflösung in großen Arrays stark reduziert.

Beim Codemultiplexverfahren ergibt sich eine ähnliche Situation wie auch beim TDM-Verfahren. Die Abtastfrequenz der Multiplexer erhöht sich um n für ein n-Pixel-Array. Die Auflösung verschlechtert sich demnach wieder um den Faktor $\sqrt{n}$. Jedoch können beim CDM-Verfahren alle Detektoren zeitgleich ausgelesen werden. Es ergibt sich dadurch die Möglichkeit einer n-fachen Überabtastung des Signals. Dabei erhöht sich die Signalamplitude um den Faktor

n, das gleichverteilte Rauschen steigt hingegen nur um den quadratischen Mittelwert $\sqrt{n}$. Die Verschlechterung des SNRs durch die höhere Bandbreite hebt sich so mit der Überabtastung auf und die Detektorauflösung wird nicht beeinflusst.

Beim Frequenzmultiplexverfahren ist die Abtastfrequenz der Multiplexer nicht von der Pixelzahl abhängig. Alle Multiplexer arbeiten unabhängig voneinander, weshalb die Auslesebandbreite optimal auf die notwendige Detektorbandbreite abgestimmt werden kann. Im FDM-Verfahren ergibt sich daher keine Beeinflussung der Detektorauflösung.

2.4.2 Steigerung der Systemauflösung durch eine geeignete Signalverstärkung

Bisher wurde nur auf die minimale Auflösung eingegangen, die durch den kryogenen Detektor bestimmt ist. Die größte Rauschquelle eines supraleitenden Detektorsystems findet sich hingegen meistens in Form der Ausleseelektronik. Diese befindet sich meistens bei Raumtemperatur, wodurch allein schon die thermische Rauschleistung (vgl. Gleichung 2.4) stark ansteigt. Um die Auflösung des Detektors dennoch zu erfassen, muss die Detektorantwort rauscharm verstärkt und so über den Rauschpegel der Auswertungselektronik angehoben werden. Welche Verstärkung dazu notwendig ist, hängt vom Systemaufbau und den einzelnen Rauschquellen ab. Zur einfachen Charakterisierung der Systemblöcke kann die sogenannte Rauschtemperatur T_n verwendet werden. Sie bezeichnet die Temperatur, die ein ohmscher Widerstand besitzen muss, um die gleiche effektive Rauschleistung zu erzeugen wie die entsprechende Komponente. Die Rauschtemperatur lässt sich dabei nach

$$T_n = \frac{P}{k_B \cdot B} \tag{2.5}$$

beschreiben.

In Abbildung 2.15 ist noch einmal der Systemaufbau eines supraleitenden Detektor-Systems dargestellt. Den einzelnen Blöcken (Multiplexer, Verstärker, Kanal und Auswertungselektronik) sind nun entsprechende Rauschtemperaturen $T_{n,1}$ bis $T_{n,4}$ zugeordnet. Die Rauschtemperatur des Gesamtsystems kann dabei nach [46] zu

$$T_{n,ges} = T_{n,1} + \sum_{i=2}^{m} \left(\frac{T_{n,i}}{\prod_{j=1}^{i-1} A_j} \right) = T_{n,1} + \frac{T_{n,2}}{A_1} + \frac{T_{n,3}}{A_1 \cdot A_2} + \ldots \tag{2.6}$$

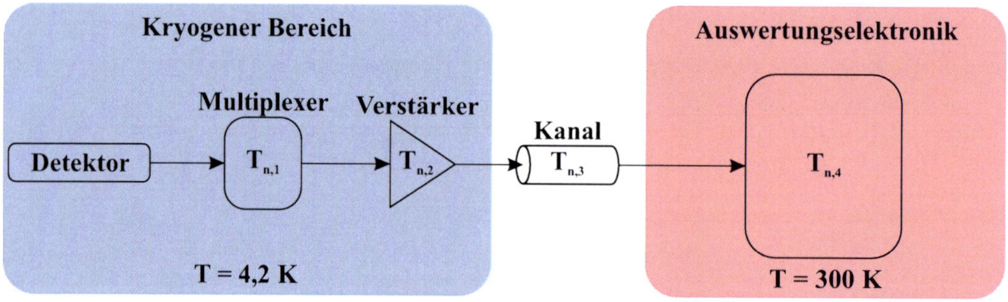

Abbildung 2.15: Blockschaltbild eines supraleitenden Detektorsystems. Den Komponenten der Auslesestrecken sind Rauschtemperaturen $T_{n,1}$ bis $T_{n,4}$ zugeordnet.

berechnet werden. A_j bezeichnet dabei die Verstärkung der jeweiligen Stufe. Zeigt eine Komponente einen Wert A_j kleiner als 1, wie beispielsweise bei Dämpfungsgliedern, so berechnet sich die Rauschtemperatur zu

$$T_n = T_a \cdot \frac{1-D}{D} \tag{2.7}$$

wobei T_a für die Umgebungstemperatur und D für den Dämpfungswert steht.

Zur Verdeutlichung der Rauschtemperatur soll beispielhaft der Rauschpegel des Systems nach Abbildung 2.15 charakterisiert werden. Der Multiplexer wird dabei ideal mit einer Rauschtemperatur von 0 K und einer Verstärkung $A_1 = 1$ angenommen. Der Verstärker besitzt die Werte $T_{n,2} = 8$ K und $A_2 = 40$ dB. Im gemeinsamen Kanal wird eine Dämpfung von 1 dB und eine mittlere Umgebungstemperatur $T_a = 150$ K angenommen. Die Auswertungselektronik soll die größte Rauschtemperatur von 10000 K zeigen. Nach Gleichung 2.6 ergibt sich die Rauschtemperatur $T_{n,ges}$ des Gesamtsystems somit zu 9,3 K. Man erkennt den großen Einfluss des kryogenen Verstärkers, der durch seine hohe Verstärkung den Signalpegel bereits deutlich über den Rauschpegel des restlichen Auslesesystems anhebt. Würde dieser in seiner Position getauscht und erst nach dem Übertragungskanal auf Raumtemperatur platziert werden, so stiege die Rauschtemperatur $T_{n,ges}$ auf einen Wert von 115,6 K. Dabei wurde eine Rauschtemperatur des Verstärkers bei Raumtemperatur von 60 K angenommen. Um die hohe Auflösung von supraleitenden Detektoren auch bei Raumtemperatur messen zu können ist daher meist eine rauscharme kryogene Vorverstärkung essentiell.

Der Betrieb eines Verstärkers bei tiefen Temperaturen ist allerdings sehr anspruchsvoll. Die konventionell in den Schaltungen verwendeten Feldeffekt- oder Bipolartransistoren funktionieren nicht mehr, weil bei den kryogenen Arbeitstemperaturen zu wenige freie Ladungsträger zur Verfügung stehen. So bleibt nur der Einsatz von speziellen Transistoren mit hoher Elektronenbeweglichkeit (engl. High-Electron-Mobility Transistor, HEMT), die auch noch bei tiefen Temperaturen verwendet werden können [47]. HEMT basierte Verstärker sind kommerziell erhältlich und weisen eine hohe Bandbreite bis zu mehreren GHz auf. Zur Auslese von SNSPDs, die bereits ein starkes Ausgangssignal liefern und üblicherweise bei Temperaturen $T > 1$ K betrieben werden, sind diese Verstärker eine geeignete Wahl. Bei der Verstärkung von TES-Signalen übersteigt die Rauschzahl des HEMT aber meist die des Bolometers [48]. Als erste Verstärkerstufe scheiden HEMT basierte Verstärker somit oftmals aus.

Eine Lösung bietet die Verwendung von supraleitenden Verstärkern. Diese können idealerweise sogar mit dem Multiplexer kombiniert werden. Wie bereits zuvor erwähnt, kann ein SQUID beispielsweise auch als Transimpedanzverstärker gesehen werden. Die Signalverstärkung ergibt sich dabei hauptsächlich durch die magnetische Kopplung zwischen Koppelspule und SQUID-Induktivität analog eines Transformators. In der Kaskadierung mehrerer SQUIDs kann so eine Schaltung ähnlich eines Operationsverstärkers aufgebaut werden [49]. Diese SQUID basierten Verstärker können Rauschtemperaturen nahe dem Quantenlimit erreichen und sind daher speziell bei sehr tiefen Temperaturen ($T \ll 1$ K) HEMT-Verstärkern deutlich überlegen [48]. Der Nachteil von SQUID-Verstärkern liegt dagegen zum einen in der komplexen Herstellung sowie dem notwendigen Platzbedarf durch seinen gradiometrischen Aufbau. Ebenso ist ihre Bandbreite stark limitiert, weshalb je nach verwendetem Multiplexverfahren die Systembandbreite leidet.

Eine andere Möglichkeit der Signalverstärkung liegt in der Verwendung von supraleitenden Resonatoren. Diese sind deutlich einfacher herstellbar als SQUIDs, da sie meist nur eine einzige Metallisierungsebene verwenden. Im Konzept des MKIDs wurde bereits demonstriert, wie das Detektorsignal durch die Charakteristik des Schwingkreises verstärkt werden kann [50]. Die hohen Güten der supraleitenden Schwingkreise limitieren jedoch die Geschwindigkeit des Detektors. Eine schnelle Signaländerung ist daher unmöglich.

2.5 Gegenüberstellung der verschiedenen Multiplexverfahren

Abschließend werden nun die drei vorgestellten Multiplexverfahren hinsichtlich ihrer Eignung zur Auslese von supraleitenden Einzelphotonen-Detektoren gegenübergestellt. Dabei findet zum einen die Komplexität des Aufbaus, sowie die Anzahl notwendiger Verbindungsleitungen Beachtung und zum anderen wird die Beeinflussung der Detektorantwort durch das Multiplexverfahren herausgestellt.

Das Zeitmultiplexverfahren hat den Vorteil einer geringen Komplexität, weshalb es sehr einfach in ein System integriert werden kann. Die Multiplexer können als schlichte Schaltelemente ausgeführt werden, die allerdings von einer Logik gesteuert werden müssen. Sitzt die Logik bei Raumtemperatur, so wird für jedes Pixel im Array eine zusätzliche Steuerleitung benötigt, wodurch der Wärmeeintrag stark ansteigt. Ein weiterer Nachteil des TDM-Verfahrens liegt im seriellen Betrieb der Detektoren. Da die Informationen aller Pixel nacheinander erfasst werden müssen, steigt die benötigte Auslesefrequenz proportional mit der Detektoranzahl. Entsprechend werden auch schnelle Multiplexer benötigt, deren Rauschpegel sich mit der steigenden Bandbreite erhöhen. Aber nicht nur die Auflösung des Multiplexers, sondern auch die des Detektors wird durch die steigende Bandbreite degradiert. Beide Werte reduzieren sich um $\sqrt{n}$ im Vergleich zur Messung eines Einzelpixels, wobei n die Anzahl an Pixel im Array repräsentiert.

In einem Codemultiplexverfahren werden viele Eigenschaften des Zeitmultiplexverfahrens verbessert. Es können nun alle Detektoren gleichzeitig betrieben werden und die Informationen werden auf die gesamte Auslesebandbreite gespreizt. So wird eine optimale Nutzung der Kanalkapazität erreicht. Jedoch ist die benötigte Kanalkapazität zum Betrieb eines Arrays von Einzelphotonen-Detektoren eher gering und bereits im TDM-Verfahren ausreichend. Auch der parallele Betrieb der Detektoren muss im CDM-Verfahren durch eine proportional zur Pixelzahl ansteigenden Auslesebandbreite bezahlt werden. Durch die höhere Integrationszeit der Pixel kompensiert sich zwar ein mit der Bandbreite steigender Rauschpegel der Detektoren. Die Auflösung der Multiplexer wird allerdings nach wie vor mit wachsender Pixelzahl um $\sqrt{n}$ degradiert.

Die beste Lösung um ein Array von supraleitenden Detektoren auszulesen ergibt sich mit dem Frequenzmultiplexverfahren. Durch die Zuweisung eines definierten Frequenzbereichs zu jedem Detektor, kann jedes Pixel mit der optimalen Auslesebandbreite abgetastet werden und entsprechend findet auch keine Beeinflussung der Detektorauflösung durch das Multiplexverfahren statt. Weiter ermöglicht ein FDM Verfahren die Verbindungsleitungen zwischen Raumtemperatur und kryogener Detektorumgebung auf ein Minimum zu reduzieren. Durch die Verwendung von supraleitenden Schwingkreisen als Multiplexer entfallen sogar jegliche Steuerleitungen. Des Weiteren bieten die Resonatoren bereits eine große Signalverstärkung, weshalb die modulierten Signale durch einen kommerziellen HEMT-Verstärker konditioniert werden können.

Die Nachteile in der Verwendung von Schwingkreisen als Multiplexer liegt in der anspruchsvollen Signaleinkopplung. Verfahren basierend auf RF-SQUIDs zur Modulation sind recht komplex und benötigen eine zusätzliche Logik, um die Arbeitspunkte zu linearisieren [35]. Aber auch neben der Einkopplung stellen die Resonatoren eine Limitierung für schnelle Detektoren dar. Die notwendigen Güten der Schwingkreise würden beispielsweise die zeitliche Auflösung von SNSPDs stark reduzieren. Im Verlauf dieser Arbeit werden daher zwei neu entwickelte Multiplexverfahren zur Auslese von SNSPDs als auch TES vorgestellt. Beide Varianten zeichnen sich durch einen planaren Aufbau aus, wodurch die Komplexität der Herstellung gering gehalten wird. Diese zeigen zum einen eine hohe Bandbreite, um schnelle Signale wie die Detektorantwort eines SNSPDs zu übertragen und zum anderen eine hohe Empfindlichkeit bis in den pA-Bereich, um die Information eines TES sensitiv zu erfassen.

3 Einbettung von SNSPDs in supraleitende Schwingkreise

Der Vergleich verschiedener Multiplexverfahren im vorherigen Kapitel hat die prinzipiellen Vorteile eines Frequenzmultiplexverfahrens zur Auslese von supraleitenden Einzelphotonen-Detektorarrays aufgezeigt. In diesem Kapitel wird ein neuartiges Konzept vorgestellt, mit dem ein SNSPD Array im FDM-Ausleseverfahren betrieben werden kann. Im Gegensatz zu bisher demonstrierten Verfahren soll dieses die zeitliche Auflösung der Detektoren nicht limitieren und sowohl die Systemkomplexität, als auch die Anzahl an Verbindungsleitungen gering halten. Das Konzept basiert auf der Integration eines SNSPDs in einen Schwingkreis und zeigt somit eine gewisse Ähnlichkeit zu MKIDs. Im Unterschied zu MKIDs ändert der verwendete Schwingkreis aber seine Güte während des Detektionsereignisses, weshalb sich eine schnelle Änderung des Ausgangssignals ergibt.

Die konventionelle Arbeitspunkteinstellung eines SNSPDs mittels Gleichströmen ist bei der Implementierung des Detektors in einen Schwingkreis ungünstig. Die Biasströme müssten aufwendig von den hochfrequenten Signalanteilen gefiltert werden. Ebenso würde jeder Detektor eine zusätzliche Kabelverbindung zur Arbeitspunkteinstellung benötigen. Die erreichbare Pixelanzahl eines solchen Arrays wäre entsprechend begrenzt. Eine elegante Lösung bietet die Verwendung eines Mikrowellenstroms, um die Detektoren in den Arbeitspunkt zu bringen. Um dies zu realisieren, wird im anschließenden Unterkapitel das Hochfrequenzverhalten eines supraleitenden Nanodrahts untersucht. Davon ausgehend wird der Entwurf eines Schwingkreises mit integriertem Nanodraht zur Einzelphotonendetektion, der RF-SNSPD, vorgestellt. Einen Schwerpunkt des Kapitels bildet die Untersuchung sowohl der Mikrowellen- als auch der optischen Eigenschaften der nach dem Entwurf hergestellten Proben. Abschließend werden in einer Gegenüberstellung die Vor- und Nachteile des konventionellen mit dem neu gefundenen Detektorbetrieb verglichen.

3.1 Betrieb von SNSPDs im Hochfrequenzbereich

Konventionell werden SNSPDs mit einem Gleichstrom in ihren Arbeitspunkt nahe des kritischen Stroms gebracht. Diese Gleichstromsignale lassen sich aber in einem FDM-Verfahren nicht voneinander trennen. Entsprechend steigt entweder die Anzahl an Versorgungsleitungen zum Array proportional mit der Pixelanzahl oder die Arbeitspunkteinstellung aller Detektoren muss mit dem gleichen Signal erfolgen. Wird die zweite Lösung gewählt, verliert man allerdings die individuelle Steuerbarkeit der Detektoren. Die optischen Eigenschaften der Einzelpixel werden degradiert und die Zählrate des Arrays limitiert. Das Ziel dieser Arbeit ist es daher den Arbeitspunkt der Detektoren mit einem Mikrowellenstrom einzustellen. Diese Arbeitspunkteinstellung ermöglicht es neben den Detektorantworten auch die Biassignale über einen gemeinsamen Kanal zu übertragen. Dabei können die einzelnen SNSPDs parallel und im optimalen Arbeitspunkt betrieben werden.

Ein Betrieb von SNSPDs mit einem hochfrequenten Stromsignal birgt jedoch zwei Probleme. Zum einen zeigt der Nanodraht eine große kinetische Induktivität, deren Impedanz im Hochfrequenzbereich stark ansteigt. Es wird entsprechend eine Anpassung der Wellenwiderstände zwischen Signalquelle und Detektor benötigt, um das Biassignal einkoppeln zu können. Zum anderen ist im Betrieb des Detektors eine Stromgegenkopplung notwendig. Nach einem Detektionsereignis muss der Strom so lange reduziert werden, bis der Nanodraht wieder in den supraleitenden Zustand zurückgekehrt ist. Da das Biassignal und die Detektorantwort nun im gleichen Frequenzbereich liegen, ist eine konventionelle Lösung mittels Bias Tees nicht mehr möglich. Nachfolgend werden daher zuerst die Mikrowelleneigenschaften eines supraleitenden Nanodrahts untersucht und darauf aufbauend dann ein Konzept vorgestellt, wie sowohl die Anpassung der Wellenwiderstände als auch eine Gegenkopplung im Betrieb realisiert werden kann.

3.1.1 Untersuchung des Mikrowellenverhaltens supraleitender Nanodrähte

Supraleitende Nanodrähte zeigen aufgrund der geringen Anzahl an vorhandenen Ladungsträgern eine sehr hohe kinetische Induktivität (vgl. Anhang A.1). Ein aus NbN hergestellter Nanodraht mit einer Dicke von 5 nm und einer Breite von 100 nm, zeigt auf einer Länge von weniger als 100 µm bereits Induktivitätswerte von $L_{kin} > 30$ nH. Berechnet werden kann diese Induktivität

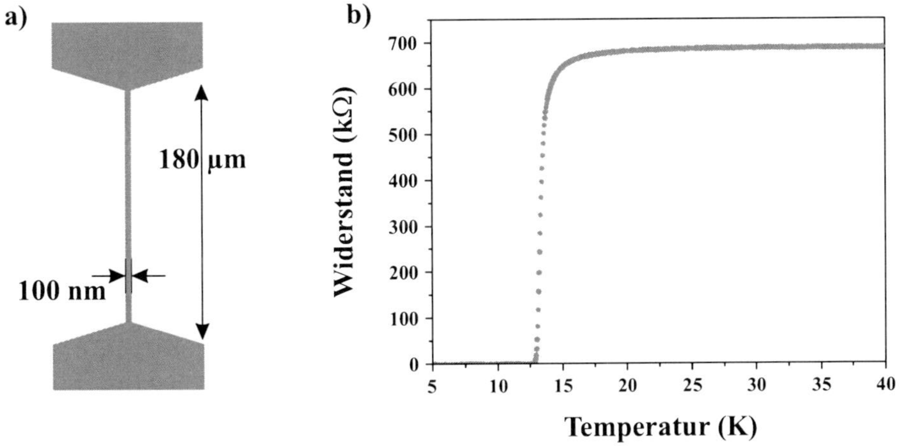

Abbildung 3.1: Untersuchung der Widerstandsänderung eines Nanodrahts aus NbN. Die Geometrie der Probe ist links gezeigt. Der Nanodraht misst eine Länge von 180 μm bei einer Breite von 100 nm und einer Dicke von 5 nm. Oberhalb und unterhalb des Drahts sind die Kontaktflächen erkennbar, um die elektrischen Verbindungen herzustellen. Das rechte Diagramm zeigt den Widerstandsverlauf über der Temperatur.

anhand der Energielücke des Supraleiters sowie des Widerstands der normalleitenden Ladungsträger im Leiter R_s. Nach [51] ergibt sich die kinetische Induktivität zu

$$L_{kin} = \frac{\hbar \cdot R_s}{\pi \cdot \Delta_0} \tag{3.1}$$

für eine supraleitende Schicht, deren Dicke kleiner als die Kohärenzlänge der Cooper-Paare ist.

Die Berechnung der Induktivität wird nachfolgend an einem Beispiel gezeigt. In Abbildung 3.1.a ist die Geometrie eines supraleitenden Nanodrahts aus NbN mit der Dicke $d = 5$ nm, Breite $w = 110$ nm und Länge $l = 180$ μm zu sehen. Um die kinetische Induktivität der Probe zu bestimmen, ist eine Widerstandsmessung über der Temperatur notwendig, welche in Abbildung 3.1.b dargestellt ist. Aus dieser Messung können die Parameter T_C sowie R_s ermittelt werden. Nach Gleichung 3.1 ergibt sich für die Probe mit der Energielücke $2{,}075 \cdot k_B \cdot T_C$ für NbN [52] eine kinetische Induktivität $L_{kin} = 62{,}4$ nH. Diese hohe Induktivität des Nanodrahts macht nicht nur die Mikrowellen-Anpassung schwierig, sie hat auch einen großen Einfluss auf die Wellenausbreitung.

Ein Ausschnitt der gemessenen Transmission dieses Nanodrahts ist in Abbildung 3.2.b dargestellt. Die Transmissionsmessung wurde von Port 1 zu Port 2 mit einem Netzwerkanalysator (PNA E8361A von Agilent Technologies, Inc.) aufgenommen. Infolge der hohen Induktivität der Probe entsteht ein Tiefpass-Verhalten und es zeigt sich bereits für kleine Frequenzen eine starke Fehlanpassung zu der 50 Ω Eingangs- beziehungsweise 50 Ω Ausgangsimpedanz. Die

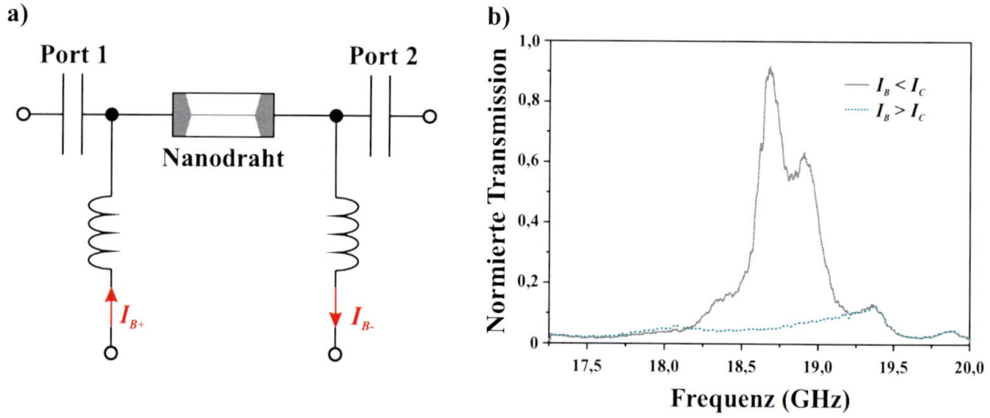

Abbildung 3.2: Mikrowellencharakterisierung eines Nanodrahts aus NbN. (a) zeigt den zur Charakterisierung verwendeten Messaufbau. In die Probe können über zwei Bias Tees hochfrequente sowie Gleichstromsignale unabhängig voneinander eingekoppelt werden. Der rechte Graph zeigt die Transmissionsmessung der Probe aus Abbildung 3.1. Die Messergebnisse sind in einer linearen Skala gezeigt und auf die maximal gemessene Transmission normiert. Es sind zwei Transmissionskurven der Probe im supraleitenden und im normalleitenden Bereich gegenübergestellt [KDW+19].

Grenzfrequenz bis zu der eine Signalübertragung von −3 dB möglich ist, lag bei weniger als 250 MHz. Interessant ist allerdings der Bereich zwischen 17 und 20 GHz der auch in Abbildung 3.2.b gezeigt ist. Der Wellenwiderstand des Nanodrahts wurde bei diesen Frequenzen zu etwa 4 kΩ berechnet und zeigt so eine starke Fehlanpassung zu Port 1 und Port 2. Die dennoch hohe Transmission bei 18,75 GHz ist daher nur durch die Entstehung einer $\lambda/2$-Transformation zu erklären. Bei diesem Sonderfall wird aufgrund der entstehenden Wellenreflexionen eine Anpassung zwischen zwei gleichen Impedanzen erreicht, wenn zwischen ihnen eine $\lambda/2$ lange Leitung liegt [53]. Im Gegensatz zur bekannteren $\lambda/4$-Transformation tritt der Effekt unabhängig von der Leitungsimpedanz auf. Die Messung verdeutlicht so die Transformation der Ausgangsimpedanz auf die Eingangsimpedanz bei einer Frequenz von 18,75 GHz.

Unerwartet ist vor allem die Frequenz, bei der die $\lambda/2$-Transformation auftritt. Für eine 180 µm lange Leitung und einer angenommenen Signalgeschwindigkeit von der halben Lichtgeschwindigkeit im Leiter entsteht eine $\lambda/2$-Transformation erst bei einer Frequenz von 417 GHz. Im Falle des supraleitenden Nanodrahts reduziert sich also die Ausbreitungsgeschwindigkeit auf einen Wert von nur noch 2,25 % der Lichtgeschwindigkeit im Vakuum. Um zu überprüfen, ob es sich bei der gemessenen Resonanz tatsächlich um einen Leitungseffekt des Nanodrahts handelt, wurde die Transmissionsmessung für die normalleitende Probe wiederholt. Dazu wurde ein Biasstrom $I_B > I_C$, über zwei Bias Tees am jeweiligen Ende der Leitung (Vergleich Abbildung 3.2.a) eingekoppelt. Für diesen Fall erkennt man aufgrund der stark erhöhten Dämpfung keine stehende Welle mehr, was die Zuordnung der Resonanz zum Nanodraht bestätigt. Der

Nanodraht kann somit im Hochfrequenzbereich als eine langsame Übertragungsleitung mit sehr großer Impedanz betrachtet werden, was in guter Übereinstimmung mit den Ergebnissen aus [54] steht [KDW+19].

Für einen möglichen Arbeitspunkt des Detektors im Hochfrequenzbereich ergeben sich entsprechend zwei verschiedene Ansätze. Zum einen kann eine niedrige Betriebsfrequenz gewählt werden, bei der die Fehlanpassung des Nanodrahts an ein Auslesesystem vernachlässigt werden kann. Die Bandbreite eines Arrays ist dann aber auf wenige 100 MHz limitiert und es werden Filter zur Signaltrennung mit sehr hohen Güten benötigt. Zum anderen kann ein zusätzliches Anpassungsnetzwerk in die Schaltung integriert werden, das die Kopplung hochfrequenter Biassignale in den Nanodraht ermöglicht. Dieses könnte beispielsweise auch als $\lambda/2$-Transformator aufgebaut sein. Die maximale Stromamplitude wäre dann aber nur in einem kleinen Bereich des Nanodrahts gegeben. Ebenso würde die hohe kinetische Induktivität der $\lambda/2$-Leitung die Zählrate des Detektors limitieren.

3.1.2 Konzept eines in einen Schwingkreis integrierten SNSPDs

Das Frequenzmultiplexverfahren dieser Arbeit soll die Systembandbreite nicht limitieren. Daher wird eine Impedanzanpassung der Nanodrähte an das Auslesesystem benötigt. Um dabei die Einzelphotonensensitivität im gesamten Nanodraht sicherzustellen, kann die Impedanzanpassung nicht über die Leitungslänge des Nanodrahts erfolgen. Stattdessen wird der Detektor in einen elektrischen Absorptionsresonator aus konzentrierten Elementen eingebaut. Dieser sorgt sowohl für die Signalfilterung als auch für die Stromgegenkopplung im Betrieb des Detektors. Der Schwingkreis ist analog eines MKIDs an eine Durchgangsleitung mit einem definiertem Wellenwiderstand gekoppelt. Eine Signalkopplung zum Detektor ist folglich nur bei Resonanzfrequenz des Schwingkreises möglich, wodurch die Signalfilterung realisiert wird. Ebenso ist eine Anpassung des Nanodrahts erreicht, da sich der induktive und kapazitive Blindwiderstand bei Resonanzfrequenz gegenseitig kompensiert.

Das Konzept eines in einen Schwingkreis eingebetteten SNSPDs ist in Abbildung 3.3 verdeutlicht. Die Durchgangsleitung ist dabei als koplanarer Wellenleiter (CPW) ausgeführt (vgl. Anhang A.3). Dieser erlaubt die Einstellung des Wellenwiderstands anhand der Innenleiterbreite sowie der Spaltbreite zwischen Innenleiter und Massefläche [53]. Im Gegensatz zu anderen Arten von Streifenleitern bietet die koplanare Variante den Vorteil, dass die Leiterbahn und die Massefläche in einer Ebene liegen. Auf diese Weise kann der Schwingkreis platzsparend in den Spalt des Wellenleiters integriert werden (vgl. Abbildung 3.3.a). Direkt am Innenleiter

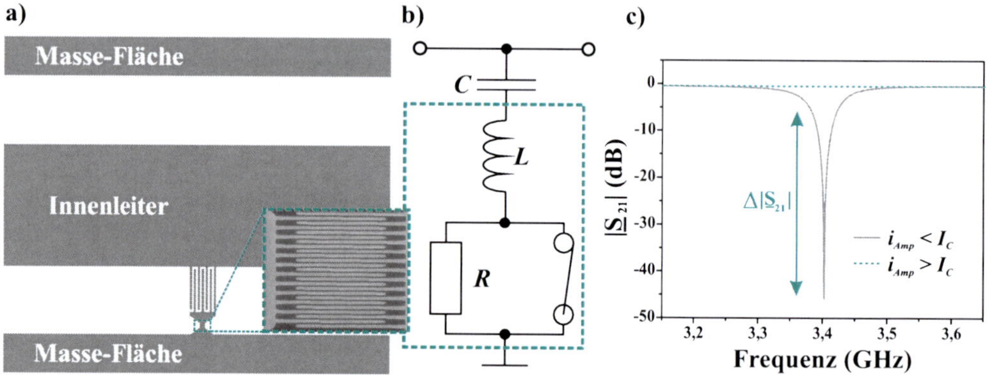

Abbildung 3.3: Überblick über das Konzept des RF-SNSPDs. In (a) ist der aus einer Interdigitalkapazität und dem Nanodraht aufgebaute Schwingkreis gezeigt. (b) gibt das Ersatzschaltbild des Schwingkreises wieder, wobei der Nanodraht durch eine Induktivität und einen Widerstand beschrieben wird. Im supraleitenden Zustand wird der Widerstand über einen Schalter kurzgeschlossen. (c) zeigt die simulierte Transmission auf dem koplanaren Wellenleiter. Es ist sowohl der Fall eines supraleitenden-, als auch der eines normalleitenden Nanodrahts dargestellt.

befindet sich ein als Interdigitalkapazität [55] ausgeführter Kondensator. In Serie dazu befindet sich der Nanodraht, als induktiver Anteil des Resonators. Im supraleitenden Fall wird bei Resonanzfrequenz ($f = f_{res}$) folglich die innere Leiterbahn mit der Massefläche direkt verbunden. Wird im Betrieb ein Photon detektiert, so trennt sich kurzzeitig die Verbindung bis der supraleitende Zustand wiederhergestellt ist. Aufgrund des Detektorbetriebs mit einem Mikrowellenstrom wird diese Art von Detektor im weiteren als Radio-Frequency Superconducting Nanowire Single-Photon Detector (RF-SNSPD) bezeichnet.

Das vorgestellte Konzept basiert somit auf einem elektrischen Resonator aus konzentrierten Elementen. Für diese Bauteile gilt, dass die Verteilung des elektrischen und magnetischen Felds als homogen angesehen werden kann. Für den Entwurf des Schwingkreises bedeutet dies, dass die Abmessungen der Bauteile deutlich geringer als die Wellenlänge sein muss. Wegen der äußerst geringen Ausbreitungsgeschwindigkeit im Nanodraht muss daher insbesondere auf seine Länge geachtet werden. Bei einer angenommenen Betriebsfrequenz von 4 GHz und einer Betrachtung der Feldverteilung als homogen bis zu einer Länge $l < \lambda/10$ [56], darf die maximale Nanodrahtausdehnung nur 188 µm betragen. Ansonsten kommt es zu einer über der Länge variierenden Stromverteilung und der Großteil der aktiven Fläche kann nicht zur Einzelphotonen-Detektion verwendet werden.

Die Funktion des Detektors ist in Abbildung 3.3.b am äquivalenten Ersatzschaltbild der Schaltung veranschaulicht. Die Serienschaltung aus L und C sorgt für die Filterung des einkoppelnden Signals. Der Widerstand R des Nanodrahts im normalleitenden Zustand ist in Serie zur Induktivität geschaltet. Im supraleitenden Zustand kann R vernachlässigt werden und wird über einen parallelen Schalter kurzgeschlossen. Ein absorbiertes Photon wird folglich durch das instantane Öffnen des Schalters simuliert. Die folgende Erhöhung der Verluste im Schwingkreis reduziert dessen Güte und somit die gespeicherte Mikrowellenleistung. Mit anderen Worten schaltet das Detektionsereignis den Schwingkreis zwischen einem LC-Kreis mit sehr kleiner Dämpfung und einem LCR-Kreis mit sehr großer Dämpfung [DKW+16].

Die simulierte Transmission des RF-SNSPDs auf der Durchgangsleitung zeigt Abbildung 3.3.c. Der Graph gibt den Absolutbetrag des komplexen Streuparameters $\underline{S}_{21}$ wieder. Der $|\underline{S}_{21}|$-Parameter repräsentiert das Verhältnis einer an Port 1 gesendeten Spannungswelle zur an Port 2 gemessenen Spannungswelle (vgl. Anhang A.4). Im Falle eines geschlossenen Schalters und entsprechend geringer Dämpfung des Resonators, erkennt man bei der Frequenz von 3,4 GHz eine stark einbrechende Transmission. Bei dieser Frequenz ist die Resonanzbedingung des Schwingkreises erfüllt und die Impedanz des Nanodrahts mit L = 30 nH wird von der Impedanz des Kondensators mit C = 73 fF kompensiert. Es ergibt sich eine sehr kleine Impedanz $Z = R_s$ die nur vom Oberflächenwiderstand der supraleitenden Schicht definiert ist (vgl. Anhang A.1). Ein geringer Teil der Leistung koppelt in den Schwingkreis ein, der größte Teil aber wird aufgrund des Impedanzsprungs zur Durchgangsleitung reflektiert. Die gemessene Transmission erreicht daher nur Werte von −45 dB. Für Frequenzen $f \neq f_{res}$ nimmt die Impedanz des Schwingkreises sehr große Werte an. Ein Signal kann in diesem Frequenzbereich ungestört von Port 1 zu Port 2 übertragen werden [DKW+16].

Wird der kritische Strom des Nanodrahts überschritten, so ändert sich der Verlauf der Transmissionskurve bei $f = f_{res}$, nach Abbildung 3.3.c. Die Blindanteile des Schwingkreises werden zwar nach wie vor kompensiert, der ohmsche Widerstand hingegen steigt von vernachlässigbar kleinen Werten auf einige 100 Ω. In diesem Fall ist auch bei Resonanzfrequenz die Impedanz des Schwingkreises deutlich größer als die Impedanz der Durchgangsleitung. Im Falle eines Detektionsereignisses bedeutet dies eine um 45 dB gestiegene Transmission auf der Durchgangsleitung [DKW+16].

Das Verfahren ähnelt somit der Multifrequenz-Auslese eines MKID-Arrays. Die Arbeitspunkte in beiden Konzepten unterscheiden sich allerdings deutlich voneinander. Der RF-SNSPD bewirkt wie der DC-SNSPD eine hohe Signalverstärkung durch den Übergang vom supraleitenden in den normalleitenden Bereich. Daher ergibt sich ein starkes Ausgangssignal und der Arbeitspunkt kann bei einer deutlich höheren Temperatur als bei MKIDs gewählt werden. Ebenso wie der konventionelle SNSPD erreicht aber auch der RF-SNSPD keine Energieauflösung. Die Detektorantwort ist binär und kennt nur die Zustände „Photon erkannt“ oder „kein Photon erkannt“. Eine Photonenzahl-Auflösung kann deswegen nur durch einen Array-Ansatz realisiert werden, wofür der RF-SNSPD gut geeignet ist. Durch die Verschiebung des Arbeitspunktes in den Hochfrequenzbereich können sowohl die Versorgungs- als auch die Ausleseleitungen auf eine gemeinsame Durchgangsleitung reduziert werden. Zudem ermöglicht das RF-SNSPD-Konzept im Gegensatz zu anderen FDM-Ansätzen eine hohe zeitliche Auflösung. Durch die Güteänderung im Detektionsfall kann sich das Ausgangssignal sehr schnell ändern, worauf in Kapitel 3.2.4 näher eingegangen wird.

3.2 Demonstration des RF-SNSPD-Prinzips

Nachfolgend wird die Funktion des RF-SNSPDs an realen Proben demonstriert. Dazu wurden verschiedene Detektoren mit variierendem Schwingkreisaufbau hergestellt. An diesen werden die Mikrowelleneigenschaften untersucht und die Wandlung der Detektorantwort auf die Schwingkreisfrequenz gezeigt. Die erreichten Messergebnisse werden ausführlich diskutiert und mit einer im Vorfeld erstellten Simulation verglichen. Um die Güteänderung des Schwingkreises während eines Detektionsereignisses zu zeigen, wird ebenfalls die zeitliche Auflösung des Detektors gemessen und mit konventionellen SNSPDs verglichen. Bevor auf die Messergebnisse eingegangen wird, soll jedoch zuerst ein Überblick über den verwendeten Messaufbau gegeben werden.

3.2.1 Messaufbau zur Charakterisierung der Proben

Für die Charakterisierung der Proben werden zwei unterschiedliche Messaufbauten benötigt. In einem ersten Schritt werden die Mikrowelleneigenschaften der Schwingkreise mithilfe eines Netzwerkanalysators (NWA) von Agilent Technologies, Inc. (E8361C PNA) untersucht. Dieser ermöglicht die Bestimmung der Transmission auf der Durchgangsleitung bei verschiedenen Eingangsleistungen. Da der Netzwerkanalysator eine vergleichsweise geringe Abtastrate aufweist, ist er zur Messung der eigentlichen Detektorantwort des RF-SNSPDs nicht geeignet. Zur Untersuchung der optischen Detektoreigenschaften wurde daher ein Messaufbau nach Abbildung 3.4 verwendet. Der Detektor ist, wie auch für die NWA-Messungen, in einem vergoldeten Messinggehäuse eingebaut (vgl. Abbildung 3.5). Dieses bietet für Frequenzen bis 12 GHz eine geeignete Mikrowellenumgebung, um Proben störungsfrei vermessen zu können. Der exemplarische Aufbau einer eingebauten Probe ist in Abbildung 3.6 gezeigt. Es ergibt sich sowohl oberhalb als auch unterhalb des Substrats ein Spalt zum Gehäuse, welcher in der Messung mit Heliumgas gefüllt ist. In dieser Konfiguration werden externe Verluste reduziert, wodurch sich die Mikrowelleneigenschaften der Probe verbessern. Die Durchgangsleitung des koplanaren Wellenleiters wird mit Indium kontaktiert und über zwei SMA-Steckverbinder nach außen geführt. Ebenso werden die Masseflächen mithilfe von Indium großflächig mit dem Gehäuse verbunden. Die

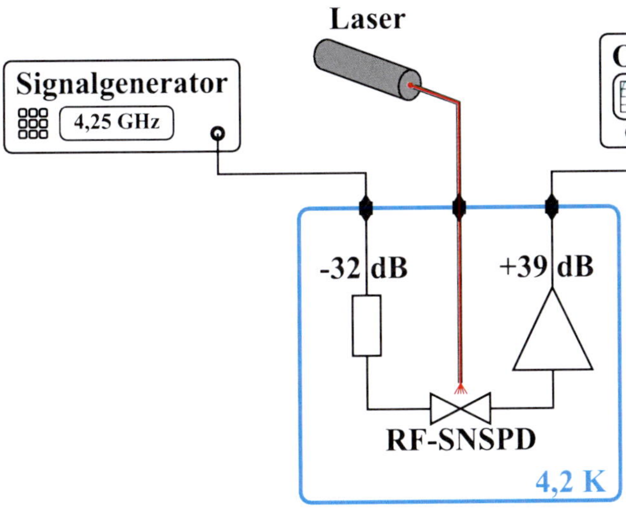

Abbildung 3.4: Messaufbau zur Charakterisierung der RF-SNSPDs bestehend aus einem Signalgenerator, um den Detektor in den Arbeitspunkt zu bringen, einem Laser, um den Detektor über eine Glasfaser zu beleuchten, einem Oszilloskop, um die Detektorantwort zu messen, sowie dem Tauchkryostaten, welcher den Detektor sowie einen Mikrowellenverstärker und diverse Dämpfungsglieder auf 4,2 K abkühlt.

Oberseite des Gehäuses ist dabei offen, um eine direkte Bestrahlung der eingebauten Proben zu ermöglichen.

Zur Kühlung wird das Mikrowellengehäuse in einen Tauchkryostat eingebaut, der von flüssigem Helium gekühlt wird. Sofern nicht anders spezifiziert wurden alle vorgestellten Messungen bei einer Arbeitstemperatur von 4,2 K durchgeführt. Der Kryostat enthält neben zwei Koaxialkabeln zur Transmissionsmessung noch weitere Drahtverbindungen zur Arbeitspunkteinstellung von DC-SNSPDs und kryogenen Verstärkern. Ebenso beinhaltet er eine Glasfaser, welche die Beleuchtung des Detektors ermöglicht und bietet ausreichend Platz zur Integration zusätzlicher Bauelemente wie beispielsweise diverse Dämpfungsglieder im HF-Pfad. Eine genaue Beschreibung des verwendeten Tauchkryostaten ist in [57] zu finden.

Der Arbeitspunkt des Detektors wird mit einem Signalgenerator von Agilent Technologies, Inc. (N5183A) eingestellt, der den Ton ($f = f_{res,RF-SNSPD}$) in die Durchgangsleitung einkoppelt. Um die Änderung der Transmission im Detektionsfall zu messen, wird ein Oszilloskop von Keysight Technologies, Inc. (DSAX93204A) genutzt. Mit einer Bandbreite bis zu 33 GHz erlaubt es die genaue Untersuchung der zeitlichen Auflösung einer Detektorantwort. Zur einfachen Analyse werden die mit dem Oszilloskop aufgenommenen Messpunkte kontinuierlich über eine Ethernet-Verbindung auf einen Computer übertragen und dort verarbeitet. So kann beispielsweise die Zählrate des Detektors erfasst oder die zeitliche Abweichung der Detektorantwort zu einem Referenzsignal gemessen werden.

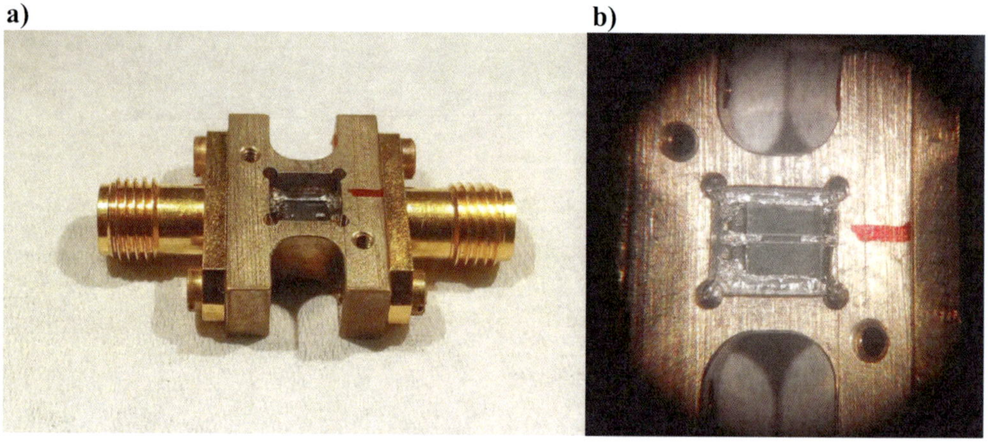

Abbildung 3.5: Exemplarische Darstellung einer in das Mikrowellengehäuse eingebauten Probe. (a) anschauliche Darstellung des vergoldeten Messinggehäuses, in welches bereits eine Probe eingebaut wurde. (b) zeigt eine vergrößerte Aufnahme des eingebauten Saphir-Chips.

Die Beleuchtung des Detektors während einer spektralen Messung ist durch eine Glasfaser realisiert. Je nach gewünschter Messung kann eine Multimode oder Singlemode Faser verwendet werden. In beiden Fällen endet die Faser 3 mm oberhalb der Probenoberfläche. Das andere Ende der Faser befindet sich an der Außenseite des Kryostaten. So können verschiedenste Lichtquellen für die Messungen genutzt werden. Dabei stehen unter anderem ein gepulster Laser mit einer Halbwertsbreite kleiner als 200 fs, einer Wiederholrate von 100 MHz und einer Wellenlänge von 1560 nm für die Untersuchung der zeitlichen Detektorauflösung zur Verfügung. Ebenso können die spektralen Detektoreigenschaften mithilfe einer breitbandigen Halogenlampe, die über einen nachgestellten Prismen-Monochromator schmalbandig auf eine Wellenlänge im Bereich zwischen 400 nm und 2 µm gefiltert wird, untersucht werden.

3.2.2 Untersuchung der RF-SNSPD-Detektorantwort

Nachfolgend wird die Funktion des RF-SNSPDs und speziell die Wandlung der Detektorantwort auf die Resonanzfrequenz des verwendeten Schwingkreises demonstriert. Ebenso wird der Einfluss der Schwingkreischarakteristik auf die entstehende Detektorantwort untersucht, weshalb die Ergebnisse zweier Unterschiedlicher RF-SNSPDs beschrieben werden. Das Design beider Proben wurde mit der Software Sonnet em [58] entwickelt und hinsichtlich der Resonanzfrequenz und Güte optimiert. Als Substrat wurde 330 µm dickes Saphir verwendet, das bei einer Temperatur von 4,2 K nur sehr geringe dielektrische Verluste ($\tan_\delta$ @ 3 GHz $= 2 \cdot 10^{-9}$) aufweist [59]. Der Einfluss des Substrats auf die Mikrowelleneigenschaften der Proben kann

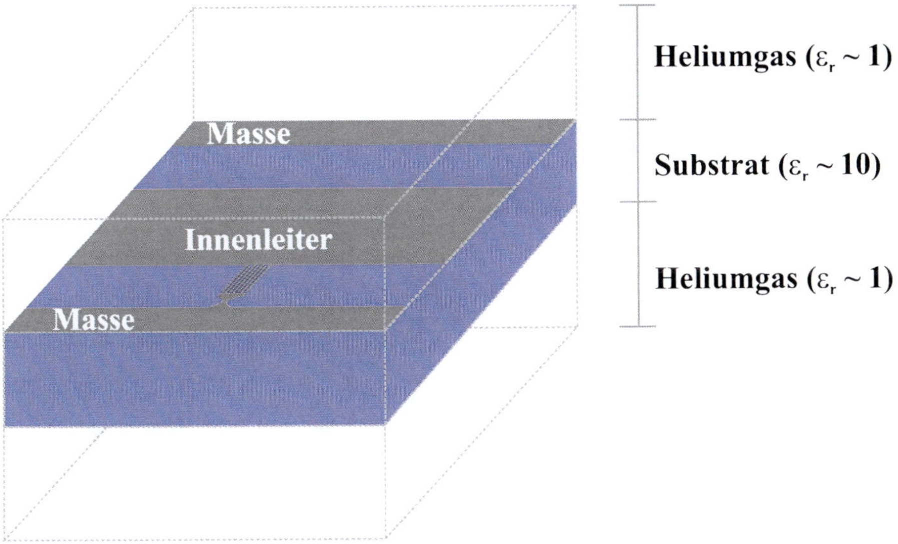

Abbildung 3.6: Schematische Übersicht des Aufbaus im Inneren des Mikrowellengehäuses. Oberhalb und unterhalb des eingebauten Substrats ergibt sich ein zusätzlicher Hohlraum, der während einer Messung mit Heliumgas gefüllt ist.

daher weitestgehend vernachlässigt werden. Auf dem Substrat befindet sich eine 5 nm dicke NbN-Schicht, aus der die verschiedenen Detektoren strukturiert wurden. Die genauen Herstellungsschritte können dabei im Anhang B nachgelesen werden.

In Abbildung 3.7 sind die Rasterelektronenmikroskop-Aufnahmen der zwei zu untersuchenden RF-SNSPDs gezeigt. Die Schwingkreise sind jeweils in den Spalt eines koplanaren Wellenleiters eingebaut, der auf einen Wellenwiderstand von 50 Ω angepasst ist. Die gesamte Struktur ist aus nur einer NbN-Schicht von 5 nm Dicke hergestellt. Der induktive Anteil des Resonators wird durch den Nanodraht gebildet, der für beide Designs identisch ist und eine Breite von 105 nm bei einer Länge von $l = 80$ µm aufweist. Die aus den bekannten Materialparametern bestimmte Induktivität liegt entsprechend bei 30,5 nH (vgl. Anhang. B). Die Linienbreite der Interdigitalkapazitäten misst 2 µm bei einer Spaltbreite von ebenfalls 2 µm. Durch die 20-fach größeren Abmessungen der Kapazität wird sichergestellt, dass ein Detektionsereignis nur im Nanodraht erfolgen kann. Die Fingeranzahl und somit die Größe der Kapazität ist für beide Designs unterschiedlich gewählt. Im ersten Fall wird in der Simulation mit sieben Fingern eine Kapazität von $C_I = 34$ fF erreicht, die im zweiten Design mit 32 Fingern auf $C_{II} = 108$ fF ansteigt. Entsprechend wird eine Resonanzfrequenzänderung von $\sqrt{3}$ zwischen beiden Schwingkreisen erwartet.

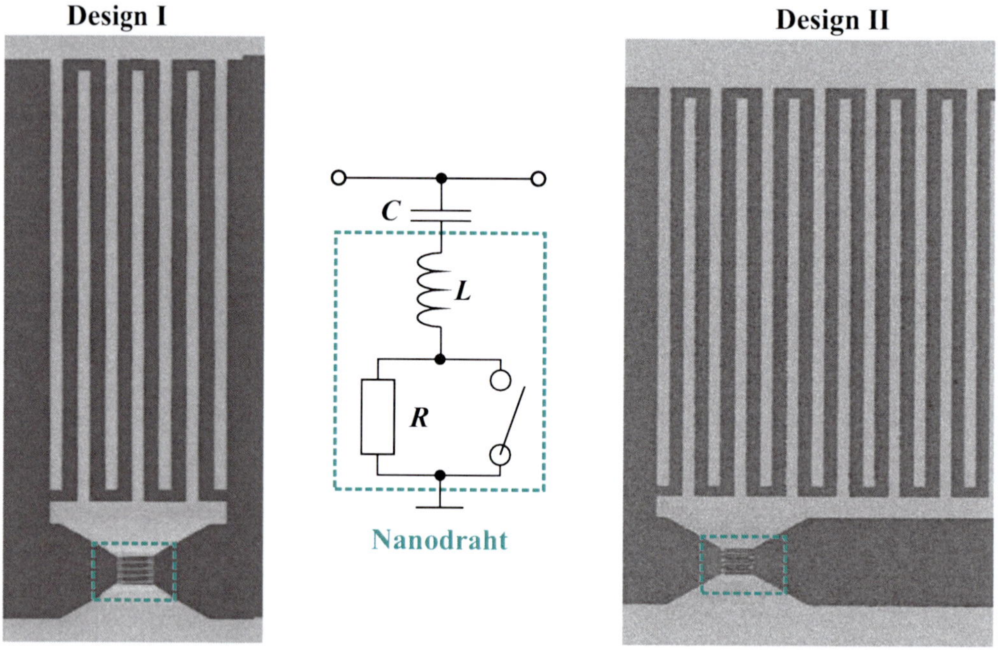

Abbildung 3.7: Rechts und Links im Bild sind die REM-Aufnahmen zweier RF-SNSPD-Designs gezeigt. In der Mitte ist das entsprechende Ersatzschaltbild sowie eine vergrößerte REM-Aufnahme des mäandrierten Nanodrahts dargestellt. Die hellen Bildanteile repräsentieren den NbN-Film, die dunklen Anteile zeigen das blanke Saphirsubstrat.

Aufgrund der kapazitiven Ankopplung des Schwingkreises an die Durchgangsleitung ist es nicht möglich die supraleitenden Eigenschaften des Nanodrahts in einer Gleichstrommessung zu charakterisieren. Daher wurde aus der gleichen NbN-Schicht ein weiterer Nanodraht mit identischer Mäandergeometrie gefertigt. An diesem konnte ein kritischer Strom von $I_C = 46{,}3$ µA sowie eine kritische Temperatur von $T_C = 12{,}8$ K gemessen werden. Ebenso wurde die kinetische Induktivität des Nanodrahts nach Gleichung 3.1 zu $L_{kin} = 29{,}7$ nH bestimmt und liegt in guter Übereinstimmung zum erwarteten Wert von 30,5 nH.

Messergebnisse Design I

Abbildung 3.8.a zeigt die gemessene Transmission des Schwingkreises nach Design I über der Frequenz. Bei 5 GHz erkennt man für kleine Mikrowellenleistungen den resonanten Einbruch der Transmission, wie es von den Bauteilwerten L und C zu erwarten ist. Die belastete Bandbreite Δf, gemessen an der Halbwertsbreite des Leistungseinbruchs, liegt bei 173 MHz. Folglich ergibt sich eine belastete Schwingkreisgüte von $Q_L = f_{res}/\Delta f = 28{,}9$ und es stellt sich ein Leistungsverlust von etwa $1/29$ der gespeicherten Energie pro Periode ein. Der Grund für diese relativ hohe Dämpfung liegt in der starken Ankopplung des Resonators an das externe 50 Ω Netzwerk. Um die unbelastete Güte Q_0 des LC-Kreises zu bestimmen, wird der Koppelkoeffizient κ herangezogen. Er ist ein Maß dafür, wie stark ein Schwingkreis an die Durchgangsleitung angekoppelt ist. Nach [60] lässt sich der Koppelkoeffizient zu

$$\kappa = \frac{1 - |S_{21,min}|}{|S_{21,min}|} = 1412 \tag{3.2}$$

bestimmen. Die unbelastete Güte ergibt sich daraus zu $Q_0 = Q_L \cdot (1 + \kappa) = 40822$. Unter Vernachlässigung der Substratverluste ist die Dämpfung des unbelasteten Schwingkreises hauptsächlich durch den Oberflächenwiderstand des Nanodrahts definiert (vgl. Anhang A.1). Diese Verluste können nach Gleichung A.11 zu

$$R = \frac{\omega \cdot L}{Q_0} = 23,1 \text{ m}\Omega \tag{3.3}$$

berechnet werden.

Wird die Mikrowellenleistung auf der Durchgangsleitung erhöht, so ergibt sich ein Pegel ab dem die Amplitude des oszillierenden Mikrowellenstroms den kritischen Strom des Nanodrahts übersteigt. Beim darauffolgenden Wechsel in den normalleitenden Bereich entsteht eine Änderung des Widerstands um mehrere Größenordnungen. Da der Resonator nun einen deutlich größeren Widerstand als die Durchgangsleitung zeigt, kann die Welle ungestört entlang der Ausleseleitung übertragen werden. In Abbildung 3.8.a ist dieser Fall durch die gestrichelte Kurve gezeigt. Es ergibt sich eine Transmissionsänderung bei $f = f_{res}$ von über 60 dB. Der Schwingkreis arbeitet demzufolge als eine Bandsperre im supraleitenden Fall, lässt hingegen im normalleitenden Zustand ein Signal ohne Dämpfung passieren [DKW+16].

Damit ist die Trägerfrequenzmodulation durch den RF-SNSPD erfolgreich nachgewiesen. Im nächsten Schritt muss untersucht werden, ob der oszillierende Mikrowellenstrom im Schwingkreis zur Arbeitspunkteinstellung des Detektors genügt. Dies wird nachfolgend anhand der Charakterisierung des Detektors unter optischer Bestrahlung untersucht. Dazu wird auf der Durchgangsleitung kontinuierlich ein Signal der Frequenz $f = f_{res}$ übertragen, mit welchem der Arbeitspunkt des Nanodrahts eingestellt wird. Die Leistung auf der Durchgangsleitung wurde mit −42 dBm gewählt, was einem Leistungspegel von 80 % der kritischen Leistung P_C entspricht, die den Nanodraht in den normalleitenden Bereich schaltet. Während der Detektor in dieser Konfiguration einer Bestrahlung mit Photonen der Wellenlänge $\lambda = 400$ nm ausgesetzt ist, wird das auf der Durchgangsleitung übertragene Signal mit dem Oszilloskop gemessen. Wird ein Photon erkannt, so entsteht eine Detektorantwort wie in Abbildung 3.8.b für einen

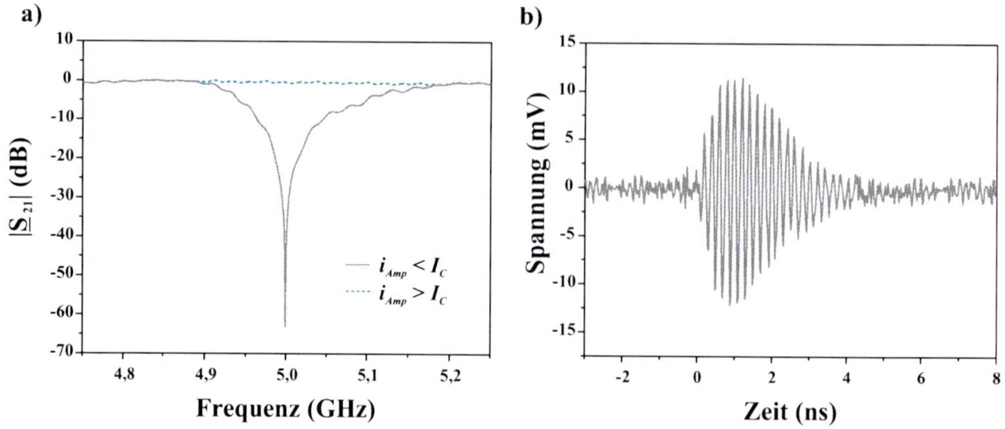

Abbildung 3.8: Messtechnische Charakterisierung eines RF-SNSPD nach Design I. Im linken Bereich ist die Transmissionsmessung über der Frequenz für zwei unterschiedliche Ausgangsleistungen des NWA gezeigt. Im rechten Bild ist die gemessene Transmission eines Signals ($f = f_{res}$) auf der Durchgangsleitung über der Zeit dargestellt. Bei $t = 0$ ist die Detektorantwort auf ein erkanntes Photon zu sehen.

RF-SNSPD (Design I) gezeigt. Man erkennt eine starke Amplitudenänderung des übertragenen Signals die nur wenige ns andauert. Im gemessenen Zeitbereich $t < 0$ ist der Nanodraht im supraleitenden Zustand und das Signal wird wegen des supraleitenden Schwingkreises nur stark abgeschwächt übertragen (-60 dB). Der größte Anteil des Signals wird wegen des Impedanzsprungs an der Koppelstelle des Resonators reflektiert. Das gemessene Signal liegt somit unterhalb des Systemrauschens.

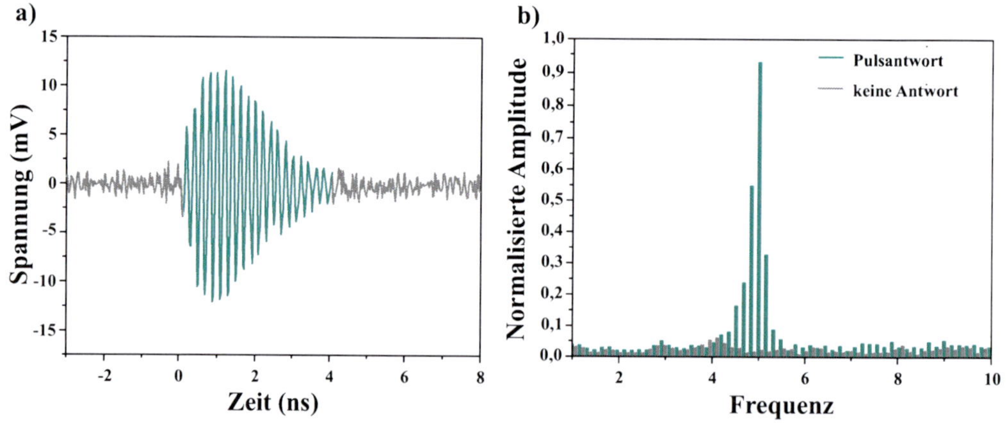

Abbildung 3.9: Untersuchung der RF-SNSPD-Detektorantwort im Zeit- und Frequenzbereich. (a) zeigt die zeitliche Modulation der Trägerfrequenz auf der Durchgangsleitung. (b) stellt die berechneten Frequenzspektren der gleichen Zeitbereiche mit und ohne Detektorantwort gegenüber.

Für den Bereich $t > 0$ steigt die gemessene Signalstärke an und die Sinusschwingung der Trägerfrequenz wird erkennbar. Der sprungartige Anstieg des Signals demonstriert die schnelle Widerstandsänderung im Schwingkreis, die dessen Güte signifikant reduziert. Für einen kurzen Moment kann so die vom Signalgenerator eingekoppelte Leistung ungehindert auf der Durchgangsleitung übertragen werden. Es koppelt keine Leistung mehr in den Schwingkreis ein und die gespeicherte Energie wird dissipiert. So kann der Nanodraht nach etwa einer ns wieder in den supraleitenden Zustand übergehen. Ab $t > 1$ ns ist der resistive Bereich verschwunden und der LC-Kreis beginnt sich erneut einzuschwingen. Die charakteristische Zeit τ für diesen Einschwingvorgang ist von der Güte und der Resonanzfrequenz nach $\tau \sim Q_l/(\pi \cdot f_{res}) = 1{,}84$ ns bestimmt und liegt in guter Übereinstimmung mit der gemessenen Detektorantwort [DKW$^+$16]. Die Änderung der Dämpfung im Detektionsfall kann entsprechend als eine negative Rückkopplung des Biassignals gesehen werden und ermöglicht ein selbständiges Rücksetzen des RF-SNSPDs.

Um in einer späteren Array-Anwendung die Detektorantworten von einzelnen Pixel räumlich zuordnen zu können, ist die Auswertung des Zeitbereichs nicht mehr ausreichend. Im Frequenzbereich lassen sich die Signale hingegen sehr einfach zuordnen. In Abbildung 3.9.b ist die Fourier-Transformation der gemessenen Detektorantwort in den Frequenzbereich gezeigt. Es sind die Frequenzspektren der pulsförmigen Detektorantwort sowie das Spektrum des gleichen Zeitraums ohne Detektionsereignis gezeigt. Man erkennt, dass sich lediglich die Frequenzanteile innerhalb der Resonatorbandbreite Δf erhöht haben. Die Messung demonstriert so eindrucksvoll die entstehende Trägerfrequenzmodulation durch die Absorption eines Photons im Nanodraht.

Messergebnisse des zweiten Designs

Abbildung 3.10.a zeigt die Mikrowellencharakterisierung einer Probe nach Design II. Die Resonanzfrequenz liegt infolge der verdreifachten Kapazität etwa um den Faktor $\sqrt{3}$ niedriger im Vergleich zum vorherigen Schwingkreis. Die belastete Bandbreite beträgt 107 MHz was einer belasteten Güte von 26 entspricht. Die Güte liegt somit im Bereich des von Design I erreichten Werts. Die gemessene Dämpfung der Transmission ($f = f_{res}$) von nur noch $-47{,}8$ dB im Vergleich zu -62,8 dB zeigt hingegen einen klaren Hinweis auf die deutlich größeren Verluste des Resonators. Die interne Güte erreicht nur noch einen Wert von 7943, was einem Flächenwiderstand von 83 µΩ entspricht. Dieser Widerstand ist somit um den Faktor 3 größer als der des Design I und weist auf eine größere Anzahl an Inhomogenitäten des supraleitenden Films von Design II hin. Anhand der Mikrowellencharakterisierung beider Schwingkreise zeigt sich auf diese Weise eine einfache Möglichkeit die Schichtqualität der RF-SNSPDs zu charakterisieren.

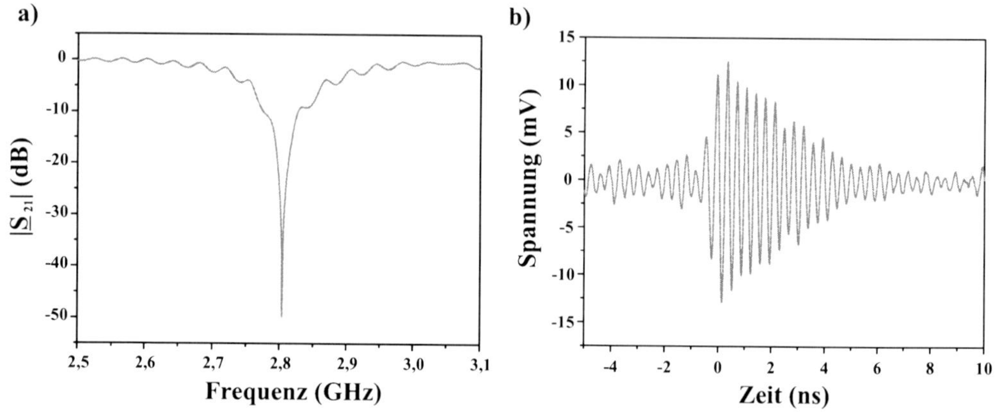

Abbildung 3.10: Auf der linken Seite ist die gemessene Transmission über der Frequenz des RF-SNSPDs nach Design II gezeigt. Im rechten Graphen ist die Transmission eines Signals ($f = f_{res}$) auf der Durchgangsleitung über der Zeit abgebildet. Bei $t > 0$ ist die pulsförmige Änderung der Amplitudenwerte nach einem erkannten Photon zu sehen.

Die gemessene Detektorantwort des RF-SNSPDs ist in Abbildung 3.10.b zu sehen. Im Vergleich zu Design I dauert die Amplitudenänderung länger an, was auf die niedrigere Resonanzfrequenz des Schwingkreises zurückzuführen ist ($\tau = 2{,}96$ ns). Abgesehen von einer veränderten Trägerfrequenz verläuft die Amplitudenmodulation der Trägerfrequenz analog zu der des Design I. Zwischen Beginn der Amplitudenänderung und einem erneuten Einschwingvorgang des Resonators liegen wieder nur einige 100 ps. Die Zeit wie lange der normalleitende Zustand nach einem Detektionsereignis im RF-SNSPD andauert, liegt somit in guter Übereinstimmung mit den Werten die für DC-SNSPDs ermittelt wurden [61, 62]. Es wird daher im Betrieb des RF-SNSPDs ein ähnlicher Detektionsmechanismus wie der des DC-SNSPDs angenommen.

In Tabelle 3.1 sind noch einmal alle Kenngrößen der beiden Schwingkreise gegenübergestellt. Die maximal mögliche Zählrate des Detektors ist dabei maßgeblich von der Zeitkonstante τ definiert, die sowohl von der Güte als auch von der Resonanzfrequenz des Schwingkreises abhängt. In der Charakteristik der gemessenen Detektorantworten zeigt sich ein erster Hinweis, dass die zeitliche Auflösung des Detektors nicht durch τ limitiert ist. Im Detektionsereignis wird die Güte des Schwingkreises stark reduziert und die gespeicherte Energie kann vergleichsweise schnell dissipiert werden. Die genaue Messung der zeitlichen Auflösung erfolgt in Kapitel 3.2.4.

Im Vergleich zu konventionellen SNSPDs bestimmt folglich nicht mehr die Induktivität des Nanodrahts maßgeblich die Zeit bis der Biasstrom wieder auf seinen ursprünglichen Wert angestiegen ist, sondern die Güte des Schwingkreises. Ebenso unterscheidet sich die Detektorantwort zwischen beiden Betriebsmodi. Im DC-SNSPD entsteht durch den ansteigenden Widerstand ein Strompuls, der sich von der Detektionsstelle wegbewegt. Dieser passiert somit den restlichen Nanodraht bis er in die Auslesestrecke mit einer typischen Impedanz von 50 Ω eingekoppelt. Aufgrund der hohen Impedanz des Nanodrahts (vgl. Kapitel 3.1.1) entstehen hier starke Reflexionen. Eine breitbandige Anpassung beider Impedanzen ist möglich [32], jedoch benötigt diese eine relativ große Fläche und reduziert wegen der stark erhöhten Induktivität die maximale Zählrate. In den meisten Anwendungen wird deshalb auf eine Anpassung verzichtet, weshalb die Detektoreigenschaften durch die entstehenden Reflexionen degradiert werden. Die Detektorantwort des RF-SNSPDs unterscheidet sich klar von der des konventionellen SNSPDs. Im Detektionsfall wird nicht der im Nanodraht entstehende Strompuls gemessen, sondern es wird die Amplitudenänderung auf der Durchgangsleitung erfasst. Diese Änderung entsteht durch die Güteänderung des Schwingkreises. Im Betrieb des RF-SNSPDs wird daher keine zusätzliche Anpassung benötigt, wodurch sich die Systemkomplexität reduziert.

3.2.3 Vergleich zwischen Messergebnis und Simulation

Neben der statischen Simulation des elektro-magnetischen Verhaltens der planaren Strukturen mittels Sonnet em wurde in dieser Arbeit auch ein dynamisches Modell zur Simulation der RF-SNSPD-Detektorantwort entwickelt. Die Umgebung dazu bietet die Software Advanced Design System von Keysight Technologies [63]. Das Modell ist aus diskreten Elementen aufgebaut und in Abbildung 3.11 dargestellt. Um die Komplexität so gering wie möglich zu halten, wird nur der Schwingkreis selbst abgebildet. Die Durchgangsleitung wird als ideal betrachtet und mit einem Wellenwiderstand von 50 Ω simuliert. Der Schwingkreis ist als eine LCR-Serienschaltung aufgebaut, wobei dem Widerstand R eine nichtlineare Funktion zu Grunde liegt. Im supraleitenden Zustand weist der Widerstand nur wenige mΩ auf, welcher im simulierten Detektionsfall hingegen auf bis zu 350 Ω ansteigt. Der Verlauf der Widerstandskurve ist nach [62] gewählt.

Simuliert wird die Übertragung eines Signals von Port 1 zu Port 2, dessen Frequenz der Resonanzbedingung des LCR-Kreises genügt. Der zeitliche Verlauf der entstehenden Strom-

	Design I	Design II
f_{res}	5 GHz	2,81 GHz
Q_L	28,9	26
Q_0	40822	7943
τ	1,84 ns	2,96 ns

Tabelle 3.1: Vergleich der Schwingkreiseigenschaften zwischen den Resonatoren nach Design I und Design II

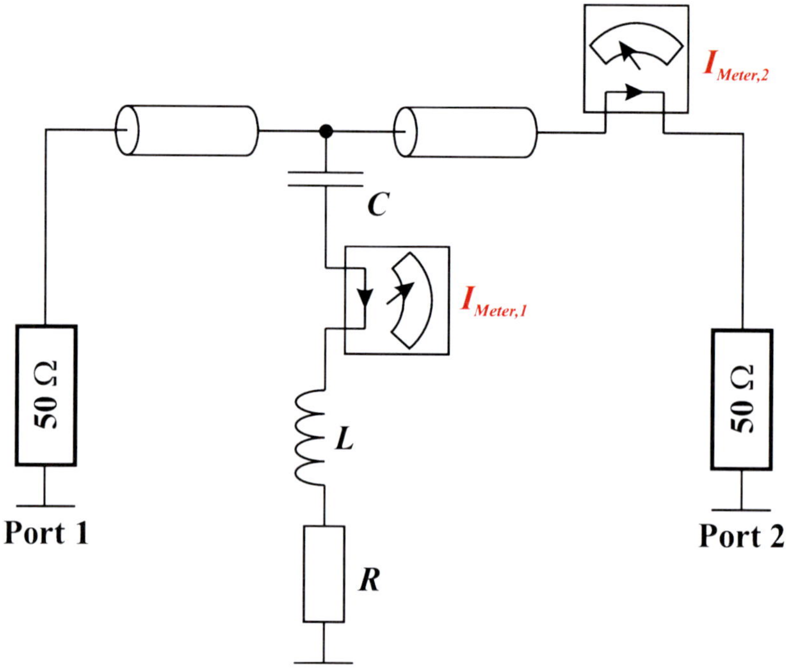

Abbildung 3.11: Schaltungsaufbau wie er zur Simulation der RF-SNSPD-Detektorantwort verwendet wird. Dem Widerstand R liegt eine nichtlineare Funktion zu Grunde, um die Widerstandsänderung während des Detektionsereignisses zu modellieren.

signale werden dabei an zwei Stellen aufgenommen. Die entsprechenden Stellen sind mit „$I_{Meter,1}$“ beziehungsweise „$I_{Meter,2}$“ in Abbildung 3.11 markiert. Abbildung 3.12.a zeigt die simulierte Detektorantwort für die *LCR*-Werte der Probe nach Design I aus Kapitel 3.2.2. Zum Vergleich wurde der Simulation die ursprünglich gemessene Detektorantwort überlagert und die Amplituden aufeinander normiert. Der Verlauf der Amplitudenänderung sowohl des simulierten als auch des gemessenen Signals sind dabei annähernd deckungsgleich. Die Simulation bestätigt somit die Annahme, dass die Detektorantwort des RF-SNSPDs rein durch den Schwingkreis und die Änderung der Güte während des Detektionsereignisses definiert ist.

Abbildung 3.12.b stellt den simulierten Stromverlauf innerhalb des Schwingkreises dar. Man erkennt das gegenläufige Verhalten während des Detektionsereignisses im Vergleich zur Messung auf der Durchgangsleitung. Durch die starke Zunahme der Dämpfung wird die gespeicherte Leistung nun sehr schnell an den großen Widerstand abgegeben. Erst wenn der Nanodraht nach knapp einer ns wieder vollständig in den supraleitenden Zustand übergegangen ist, beginnt erneut Leistung in den *LCR*-Kreis einzukoppeln. Die Zeitkonstante ist dabei ebenso wie bei der

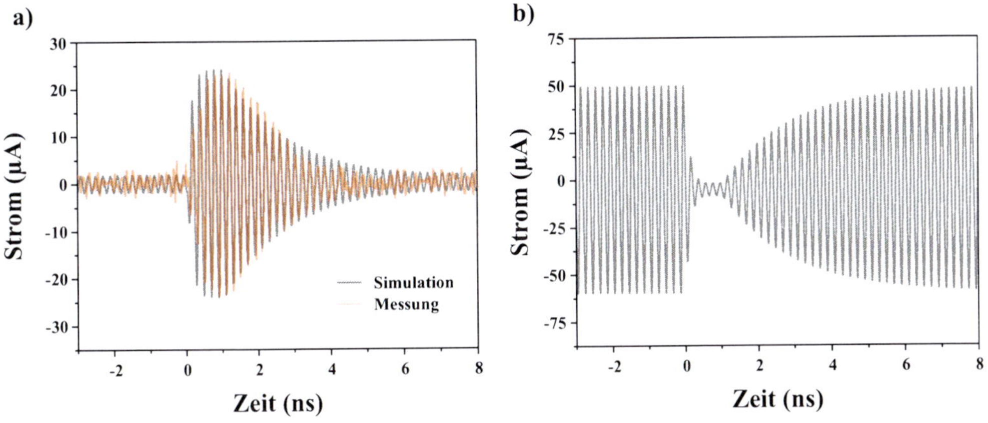

Abbildung 3.12: Simulierter Stromverlauf im Detektionsfall des RF-SNSPDs. (a) zeigt die simulierte Transmissionsänderung über der Zeit auf der Durchgangsleitung. Der Simulation ist zusätzlich noch die gemessene Detektorantwort überlagert. (b) stellt die Stromänderung während des Detektionsfalls im Schwingkreis dar.

gemessenen Detektorantwort auf der Durchgangsleitung von der belasteten Güte des Schwingkreises sowie dessen Resonanzfrequenz bestimmt.

3.2.4 Zeitliche Auflösung des RF-SNSPDs

Eine der wichtigsten Eigenschaften des SNSPDs im Vergleich zu anderen Einzelphotonen-Detektoren ist seine unübertroffene zeitliche Genauigkeit bis in den einstelligen ps-Bereich. Bei der Entwicklung eines Multiplex-Konzepts für SNSPD-Arrays muss daher darauf geachtet werden, dass die zeitliche Auflösung des Detektors erhalten bleibt. Um die zeitliche Genauigkeit des RF-SNSPDs messen zu können, muss die Detektorantwort aber von der Trägerfrequenz getrennt werden. Das um den Nullpunkt oszillierende Sinussignal würde sonst in einer Zeitmessung einen Fehler der halben Periodendauer erzeugen. Um diesen Fehler zu vermeiden, wurde der Messaufbau verändert. Die Idee des neuen Aufbaus ist es, durch Demodulation [64] die reine Detektorantwort ohne das Trägersignal zu rekonstruieren. Dazu wird ein Aufbau nach Abbildung 3.13 verwendet. Das Biassignal wird nach wie vor vom Signalgenerator erzeugt. Über einen Signalteiler wird es in zwei Kanäle aufgeteilt, wovon einer zum Detektor führt und den Arbeitspunkt einstellt. Der andere Kanal wird mit einem Mischer verbunden und als Lokaloszillator-Signal (LO) verwendet. Das über die Durchgangsleitung des RF-SNSPDs übertragene Signal wird nun nicht mehr direkt vom Oszilloskop gemessen, sondern als Eingangssignal (RF) ebenso auf den Mischer gegeben. Mit dem Oszilloskop kann so die Mischfrequenz IF $= |f_{LO} - f_{RF}|$) gemessen werden. Dieser Aufbau ermöglicht es die Detektorantwort

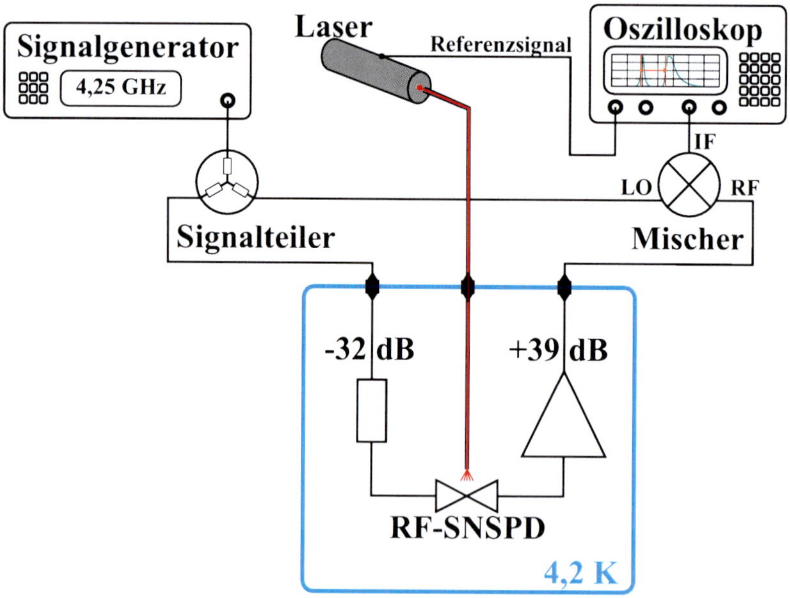

Abbildung 3.13: Messaufbau zur Charakterisierung der zeitlichen Auflösung von RF-SNSPDs. Ein Signalteiler nach dem Signalgenerator erzeugt die LO Frequenz mit der das auf der Durchgangsleitung übertragene Signal demoduliert wird. Das Mischprodukt wird mit dem Oszilloskop gemessen. Das für die Messung benötigte Zeitsignal zu jedem gesendeten Laserpuls wird ebenso auf einem zweiten Kanal vom Oszilloskop erfasst.

von der Trägerfrequenz zu trennen und es kann die zeitliche Auflösung des Detektorsignals nach dem gleichen Messprinzip ermittelt werden, wie es auch für konventionelle SNSPDs etabliert ist [DKW⁺17a].

In Abbildung 3.14.a ist das Ergebnis des Mischvorgangs gezeigt. Zum Vergleich ist auch das RF-Signal gezeigt, wobei die Amplituden beider Signale aufeinander normiert wurden. Man erkennt, dass das Mischsignal genau der Hüllkurve des RF-Signals entspricht und nun phasenunabhängig zum Trägersignal ist. Das LO-Signal erlaubt auf diese Weise eine genaue zeitliche Erfassung der gemessenen Detektorantwort. Zur Bestimmung der zeitlichen Detektorauflösung $\sigma_{RF-SNSPD}$ (in der Literatur oftmals auch „Jitter“ genannt), wie genau die Ankunftszeit eines erkannten Photons ermittelt werden kann, wird neben dem LO-Signal noch der Zeitpunkt der optischen Anregung benötigt. Dieses wird im verwendeten Messaufbau bereits innerhalb des eingesetzten Lasers generiert. Über einen Strahlteiler wird ein geringer Anteil jedes Laserpulses durch eine Photodiode in ein elektrisches Signal gewandelt. Dieses Referenzsignal wird dann an einem zweiten Kanal des Oszilloskop simultan zum LO-Signal erfasst, wie in Abbildung 3.14.b dargestellt. Aus der mehrfachen Messung der Verzögerungszeit zwischen LO- und Referenzsi-

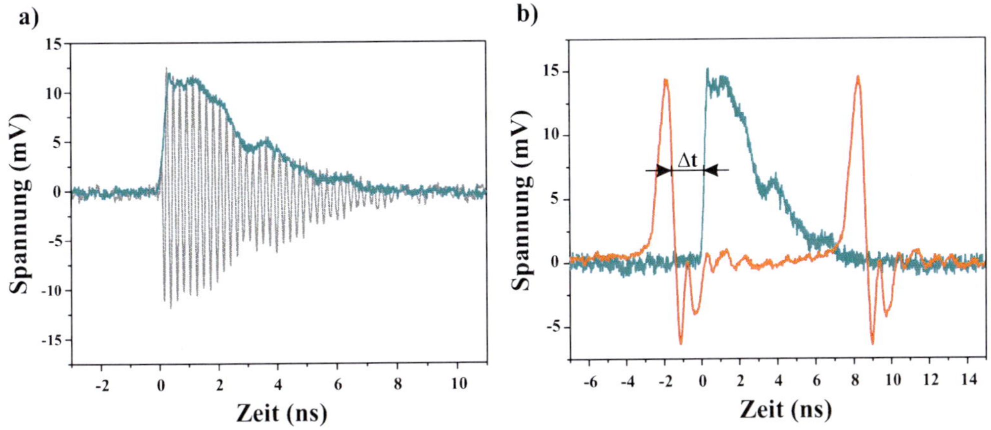

Abbildung 3.14: Auf der linken Seite ist die gemessene RF-SNSPD-Detektorantwort auf der Durchgangsleitung gezeigt. Die zweite Kurve zeigt das durch den Mischvorgang demodulierte Signal, welches nur noch die Information der Transmissionsänderung in sich trägt. Die rechte Grafik zeigt die Zeitmessung zwischen dem Laserpuls und der durch den Laserpuls erzeugten Detektorantwort.

gnal kann die Standardabweichung σ_{gesamt} berechnet werden, welche die zeitliche Auflösung des Gesamtsystems beschreibt.

Die Größe σ_{gesamt} ist neben dem Wert $\sigma_{RF-SNSPD}$ hauptsächlich durch zwei weitere Beiträge $\sigma_{optisch}$ und $\sigma_{elektrisch}$ definiert. Um die eigentliche Detektorauflösung $\sigma_{RF-SNSPD}$ zu berechnen müssen daher die beiden anderen Werte des verwendeten Messaufbaus bekannt sein. Die Ungenauigkeit $\sigma_{optisch}$ wird durch eine zufälligen Abweichung zwischen dem Referenzsignal und der optischen Anregung des Detektors verursacht. Der Beitrag $\sigma_{elektrisch}$ repräsentiert die Störeinflüsse des Aufbaus wie beispielsweise dem Systemrauschen oder einer Fluktuation der Signalamplituden. Da alle Beiträge statistisch unabhängig voneinander sind, ergibt sich die Ungenauigkeit des Messsystems

$$\sigma_{opt} = \sqrt{\sigma^2_{RF-SNSPD} + \sigma^2_{opt} + \sigma^2_{elektrisch}} \tag{3.4}$$

aus der geometrischen Summe aller Beiträge.

Der Beitrag von $\sigma_{optisch}$ in unserem Aufbau kann hauptsächlich auf die Modendispersion innerhalb der Glasfaser zurückgeführt werden. Diese sorgt für eine Verbreiterung der Pulse im Frequenzspektrum, weshalb einzelne Photonen zu verschiedenen Zeitpunkten auf den Detektor treffen. In der verwendeten Multimode Glasfaser nimmt die Modendispersion einen hohen Wert an und sorgt so für eine Standardabweichung von rund 10 ps/m. Durch die Verwendung einer Single-Mode Glasfaser im Aufbau konnte dieser Wert hingegen stark reduziert werden und ist im Vergleich zu $\sigma_{RF-SNSPD}$ und $\sigma_{elektrisch}$ vernachlässigbar. Entsprechend vereinfacht sich Gleichung 3.4 zu

$$\sigma_{gesamt} = \sqrt{\sigma_{RF-SNSPD}^2 + \sigma_{elektrisch}^2} \tag{3.5}$$

Sobald $\sigma_{elektrisch}$ größer als $\sigma_{RF-SNSPD}$ wird kann die zeitliche Auflösung des Detektors nicht mehr fehlerfrei rekonstruiert werden. Der Wert $\sigma_{elektrisch}$ kann dabei hauptsächlich in zwei Anteile, der Fluktuation des Amplitudenlevels σ_{Amp} und dem Systemrauschen σ_n unterschieden werden. Werden für die Zeitmessung beispielsweise statische Triggerwerte verwendet, so führt eine Fluktuation der Amplitude direkt zu einem Messfehler, da zwei Zeitmessungen nicht bei gleicher Amplitudenhöhe erfolgen. Eine einfache Lösung unter Verwendung eines Echtzeit-Oszilloskops ist daher die Definition eines dynamischen Triggerwerts. So wird die Zeitmessung beispielsweise immer bei der halben Amplitudenhöhe gestartet beziehungsweise gestoppt analog eines sogenannten Constant Fraction Discriminators [65].

Das Systemrauschen führt ebenso zu einer Ungenauigkeit in der Zeitmessung, da die Messpunkte in vertikaler Richtung verschoben werden. Diese Ungenauigkeit kann zu

$$\sigma_n = \tau_{rise} \cdot \frac{\sigma_U}{U_{Amp}} \tag{3.6}$$

berechnet werden. Dabei bezeichnet τ_{rise} die gemessene Pulsanstiegszeit, σ_U beschreibt den Effektivwert des Spannungsrauschens und U_{Amp} gibt die durchschnittliche Amplitudenhöhe der Detektorantwort an. Um möglichst große Amplitudenwerte bei einem geringen Rauschpegel zu erhalten, wurde für die Messung ein rauscharmer kryogener Vorverstärker (LNF-LNC1_12A von Low Noise Factory) verwendet. Dieser zeigt bei 4,2 K eine Rauschtemperatur $T_n < 6$ K und eine Verstärkung $A = 39$ dB. Des Weiteren wurde die Bandbreite des Systems von 33 GHz auf 3,5 GHz reduziert, wodurch höherfrequente Rauschanteile herausgefiltert und eine Überabtastung des gemessenen Signals ermöglicht wird. Der Beitrag $\sigma_{elektrisch}$ konnte dadurch auf Werte kleiner 2 ps reduziert werden [SSH+17].

Die auf diese Weise gemessene zeitliche Auflösung eines RF-SNSPDs ($\sigma_{RF-SNSPD}$) ist in Abbildung 3.15 veranschaulicht. Für die Messung wurde die Verzögerungszeit zwischen LO- und Referenzsignal für 10.000 Detektionsereignisse ausgewertet. Der Detektor wurde dabei stabil in einem Arbeitspunkt bei einer Leistung von $0{,}8 \cdot P_C$ betrieben. Die Abweichung der Messwerte zeigen eine Gauß-Verteilung mit einer Standardabweichung von 19,7 ps beziehungsweise einer Halbwertsbreite von 46,5 ps und liegen damit in der Größenordnung von DC-SNSPDs. Das Ergebnis beweist somit, dass der RF-SNSPD eine ähnlich gute zeitliche Auflösung wie auch der DC-SNSPD besitzt und der verwendete Schwingkreis diese nicht limitiert.

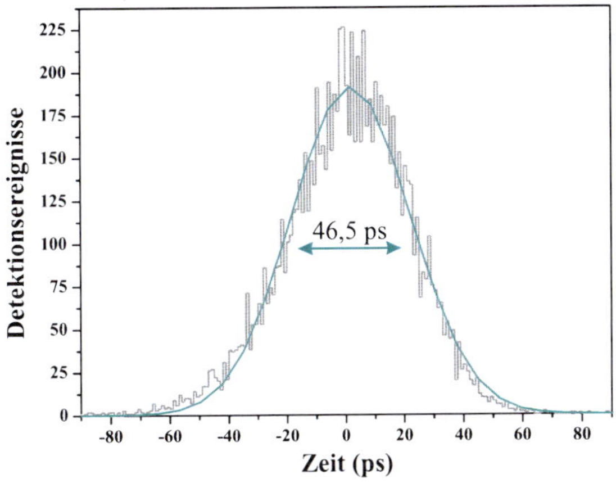

Abbildung 3.15: Histogramm über 10000 Zeitmessungen zwischen dem Laserreferenzsignal und der RF-SNSPD-Detektorantwort. Das Ergebnis ist auf 0 ps normiert und zeigt eine Halbwertsbreite der zeitlichen Auflösung von 46,5 ps, beziehungsweise eine Standardabweichung von 19,7 ps.

3.3 Unterschiede im Betrieb von SNSPDs mit Gleich- und Wechselstrom

In den vorherigen Abschnitten konnte erfolgreich die Implementierung eines SNSPDs in einen Schwingkreis demonstriert werden. Dieser wird mit Hilfe eines Mikrowellenstroms in den Arbeitspunkt gebracht und im Frequenzbereich ausgelesen. Bisher konnte kein Unterschied dieses Betriebsmodus bezüglich der optischen Eigenschaften im Vergleich zu einem konventionell betriebenen SNSPD ausgemacht werden. Dieser Vergleich soll nachfolgend im Detail anhand einer entwickelten Probe untersucht werden, die sowohl als RF-SNSPD als auch als DC-SNSPD betrieben werden kann. Mit dieser können die gemessenen spektralen Detektionseigenschaften des gleichen Detektorelements direkt miteinander verglichen werden.

3.3.1 Vergleich der gemessenen Detektionseffizienz in beiden Arbeitspunkten

Die gemessene spektrale Detektionseffizienz verschiedener SNSPDs lässt sich nicht ohne Weiteres miteinander vergleichen. Wie bereits in Kapitel 3.2.2 gezeigt, weisen zwei Nanodrähte individuell unterschiedliche Defekte auf, selbst wenn sie aus dem gleichen NbN-Film hergestellt sind. Diese Defekte begrenzen den erreichbaren kritischen Strom der Probe, und beeinflussen so

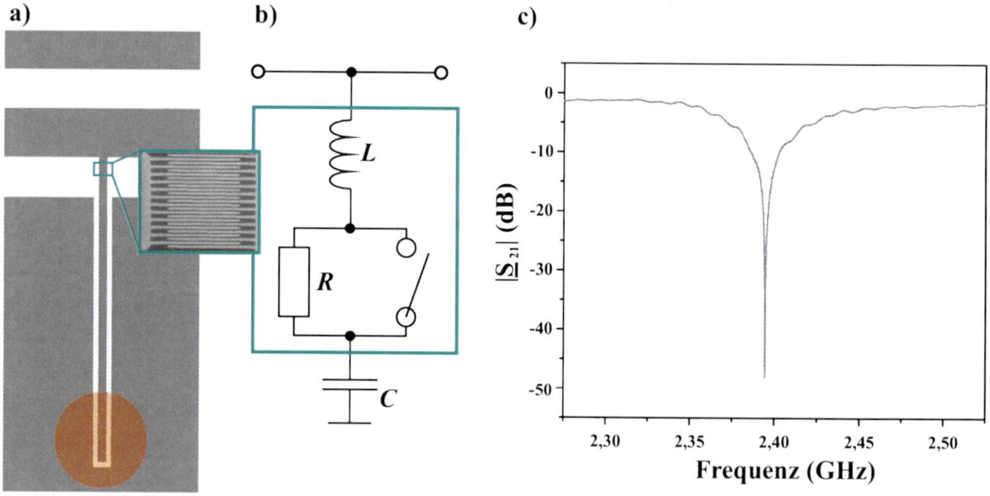

Abbildung 3.16: Übersicht über den Mischdetektor, der sowohl im DC als auch im RF-Arbeitspunkt betrieben werden kann. Links ist die Detektorstruktur gezeigt, wobei orange der Bondkontakt angedeutet ist, welcher die Messung im Gleichstrombetrieb ermöglicht. (b) zeigt das Ersatzschaltbild des Schwingkreises und (c) stellt die gemessene Transmission auf der Durchgangsleitung dar [DKWS19].

die erreichbare Detektionseffizienz [33]. Um dennoch einen direkten Vergleich des Detektorbetriebs mittels Gleich- und Mikrowellenstrom zu ermöglichen, wurde ein spezieller Detektor entwickelt. Dieser kann sowohl bei der Resonanzfrequenz des Schwingkreises als auch mit einem Gleichstrom betrieben werden [DKWS19]. Aufgrund dieser Eigenschaft wird er im weiteren als Mischdetektor bezeichnet.

Den schematischen Schwingkreisaufbau des Mischdetektor zeigt Abbildung 3.16.a. Auch hier ist die Durchgangsleitung sowie der Schwingkreis aus einer 5 nm dicken NbN-Schicht hergestellt. Ebenso ist der RF-SNSPD wieder direkt an den CPW-Innenleiter angeschlossen. An der Koppelstelle befindet sich nun aber der Nanodraht, welcher mäandriert über eine Länge von 100 µm mit einer Breite von 100 nm geführt ist. So ergibt sich eine aktive Fläche des Detektors von 20 μm^2. Der Mäander geht dann in einen 8 µm breiten Finger über, der mehrere hundert µm in die Massefläche hinein ragt und die Kapazität repräsentiert. Der Spalt zwischen Massefläche und Finger beträgt dabei 3 µm. Das Ersatzschaltbild des Schwingkreises ist in Abbildung 3.16.b zu erkennen. Die Induktivität erreicht in diesem Layout $L = 37{,}4$ nH und die Kapazität wurde auf $C = 119$ fF ausgelegt. Es resultiert eine Resonanzfrequenz des Schwingkreises von $f_{res} = 2{,}38$ GHz, wie im Messergebnis nach Abbildung 3.16.c zu erkennen ist. Der ermittelte Wert der belasteten Güte liegt bei 41 und die interne Güte erreicht einen Wert von rund 8200. Entsprechend wurde die in Abbildung 3.17.a gezeigte Detektorantwort auf ein erkanntes Photon gemessen. Die Zeitkonstante τ ist dabei wie bei den zuvor gezeigten RF-SNSPDs von der Schwingkreisgüte und der Resonanzfrequenz bestimmt [DKWS19].

Auf diese Weise können die optischen Eigenschaften des Detektors analog zu den zuvor gezeigten RF-SNSPD-Messungen ermittelt werden. Anschließend kann der Betriebsmodus verändert werden, um den Nanodraht im DC-Arbeitspunkt zu charakterisieren. Dazu wird die lange Fingerkapazität des Schwingkreises durch einen Bonddraht mit der Massefläche des koplanaren Wellenleiters verbunden (orange markierter Bereich in Abbildung 3.16.a). Die Kapazität wird kurzgeschlossen und die Arbeitspunkteinstellung des Detektors kann nun durch einen Gleichstrom erfolgen. Dazu ist ein zusätzliches Bias Tee notwendig (vgl. Abbildung 3.16.a), über das der Ruhestrom zur Arbeitspunkteinstellung von der Detektorantwort getrennt wird. Auf diese Weise kann das Gleichstromsignal zur Arbeitspunkteinstellung an Port 1 eingekoppelt und die Detektorantwort an Port 2 gemessen werden. In Abbildung 3.17.b ist die Detektorantwort im Gleichstrombetrieb für einen Biasstrom $I_B = 0,8 \cdot I_C$ gezeigt. Im DC-Arbeitspunkt berechnet sich die Abklingzeit nach [21] zu $\tau = L_{kin}/R_L = 0{,}75$ ns. Diese Zeitkonstante steigt im RF-Arbeitspunkt auf $\tau = Q_L/\pi \cdot f_{res} = 5{,}47$ ns an [DKWS19].

Der Vergleich beider Arbeitspunkte soll nun anhand der erreichten spektralen Detektionseffizienz erfolgen. Um diese bestimmen zu können, wurde in einem ersten Schritt die Zählrate des Detektors im Wellenlängenbereich zwischen 400 nm $< \lambda <$ 700 nm gemessen. Dies erfolgt durch eine Aufsummierung aller gemessenen Detektionsereignisse, sowohl im konventionellen als auch im RF-SNSPD Betrieb, über einen festen Zeitraum von 10 s. Um diese Zählrate in eine Effizienz umzurechnen, wird allerdings die Anzahl an auftreffenden Photonen im gleichen Zeitraum benötigt. Diese wurde in einer zweiten Messung mit einer Photodiode am Faserende bestimmt. Da der Faserspot jedoch deutlich größer als die aktive Fläche des Detektors ist, muss die gemessene Photonenanzahl noch entsprechend korrigiert werden. Dazu wird das genaue Strahlprofil mittels einer CCD-Kamera vermessen. Durch die bekannte Größe der aktiven Fläche kann dann die genaue Photonenanzahl auf den Detektor bestimmt werden [66]. Die sich ergebende Detektionseffizienz kann anschließend aus dem Verhältnis der detektierten Ereignisse, im Verhältnis zur Anzahl aufgetroffener Photonen pro Sekunde gebildet werden. Eine sich ändernde Absorption des Mäanders über dem Wellenlängenspektrum wird dabei vernachlässigt, da in beiden Arbeitspunkten der gleiche Nanodraht mit der gleichen Absorption gemessen wird [DKWS19].

Die Detektionseffizienz eines SNSPD hängt in einem weiten Bereich vom gewählten Arbeitspunkt ab, da dieser die Bandlücke des supraleitenden Zustands moduliert [67]. Im DC-Betrieb kann dieser anhand des durch den Nanodraht fließenden Stroms angegeben werden. Im Betrieb des Detektors als RF-SNSPD gestaltet sich die genaue Messung des oszillierenden Mikrowellenstroms im Schwingkreis hingegen schwierig. Auf dem Signalpfad zum Detektor

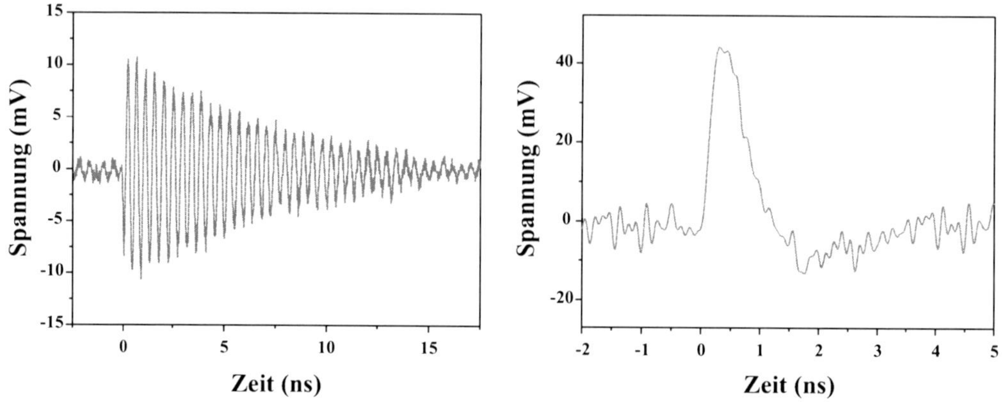

Abbildung 3.17: Gegenüberstellung der gemessenen Detektorantworten des Mischdetektors. Links ist die Antwort im RF-Arbeitspunkt und rechts im DC-Betrieb gezeigt.

liegen zahlreiche Übergänge, wie beispielsweise die Koppelstelle zwischen der Übertragungsleitung und einem Dämpfungsglied. Die an diesen Stellen entstehen Verluste und Wellenreflexionen reduzieren die effektive Bias-Leistung des Detektors und müssten entsprechend für die Angabe des Arbeitspunktes berücksichtigt werden. Eine Messung der reflektierten Leistung müsste an jeder Störstelle separat durchgeführt werden, was durch den Einbau der Gesamtanordnung in den Tauchkryostaten hingegen nicht ohne Weiteres machbar ist. Ebenso liegt jeder Übergang auf einer anderen Temperatur zwischen 300 K und 4,2 K, wodurch die Kalibrierung weiter erschwert wird. Um dennoch einen genauen Vergleich beider Arbeitspunkte der Probe als RF-SNSPD und als konventioneller DC-SNSPD zu ermöglichen, wurde die Bias-Leistung auf den kritischen Strom des Nanodrahts normiert. Dieser lässt sich im Gleichstrombetrieb einfach messen und lag bei 49,8 μA. Unter Anregung des Detektors mittels Mikrowellenleistung lässt sich mit dem Oszilloskop ebenso die Ausgangsleistung des Signalgenerators bestimmen, bei der die Amplitude des oszillierenden Mikrowellensignals im Schwingkreis den kritischen Strom des Nanodrahts überschreitet. Eine Umrechnung der gemessenen kritischen Leistung von $-18,6$ dBm, in eine maximale Stromamplitude nach

$$i_{Amp} = \sqrt{\frac{P}{Z_0}} = 525,4\,\mu\mathrm{A} \tag{3.7}$$

erlaubt dann eine einfache Normierung der Signalgenerator-Ausgangsleistung auf einen Amplitudenwert des Biasstroms im Nanodraht. Dabei wurde der reelle Ausgangswiderstand des Generators von 50 Ω als Wellenwiderstand Z_0 verwendet. Die generierte Stromamplitude i_{Amp} liegt dabei um etwa eine Größenordnung höher als der kritische Strom des Nanodrahts. Der Unterschied kann durch die Fehlanpassung zwischen der Schwingkreisimpedanz und dem externen 50 Ω-Netzwerk erklärt werden [DKWS19].

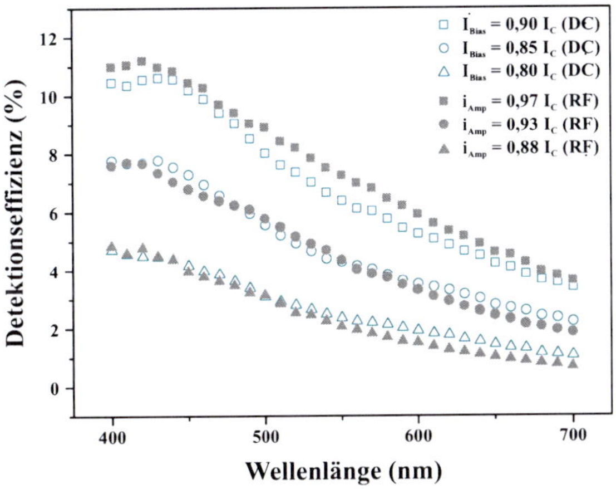

Abbildung 3.18: Gemessene Detektionseffizienz des Mischdetektors im DC und im RF-Arbeitspunkt bei variierenden Wellenlängen der eingestrahlten Photonen zwischen 400 und 700 nm.

Abbildung 3.18 stellt die gemessenen spektralen Detektionseffizienzen in beiden Arbeitspunkten dar. Für den Gleichstrombetrieb sind die Arbeitspunkte bei einem Biasstrom von 80%, 85% und 90% des kritischen Stroms gewählt. Man erkennt bei den niedrigen Wellenlängen eine konstante Detektionseffizienz des Detektors, die mit der ansteigenden Wellenlänge immer weiter absinkt. Dieser Verlauf ist so vom SNSPD auch zu erwarten [68]. Mit einem steigenden Biasstrom steigt allerdings auch die maximale Detektionseffizienz der Probe. Eine Erklärung für diesen Anstieg kann in der Struktur des Nanodrahts gefunden werden. Bei kleineren Strömen sind nur einzelne Abschnitte des Drahts sensitiv für Einzelphotonen, da sie z.B. aufgrund von lokalen Einschnürungen der Geometrie einen reduzierten kritischen Strom aufweisen. Mit steigendem Biasstrom wird dann die aktive Fläche des Detektors größer, da immer mehr Teile des Nanodrahts eine Einzelphotonensensitivität zeigen. Entsprechend steigt auch die Detektionseffizienz an [DKWS19].

Für den Vergleich beider Arbeitspunkte sind in Abbildung 3.18 drei Detektionseffizienz-Kurven im Betrieb des Detektors als RF-SNSPD zu sehen. Bei den Messungen wurden die Biasleistungen so gewählt, dass eine gute Übereinstimmung der Detektionseffizienz mit den vorherigen Messungen des Detektors als DC-SNSPD erreicht wird. Im direkten Vergleich stimmen sowohl die erreichten Effizienzwerte als auch die spektralen Charakteristiken sehr gut überein. Im Betrieb des Detektors mit einem Mikrowellenstrom wird hingegen der Arbeitspunkt des Nanodrahts abhängig von der Phase des oszillierenden Sinussignals periodisch variiert. Demzufolge ändert sich auch die Effizienz des Detektors während einer Periode sinusförmig, was im nächsten Unterkapitel näher ausgeführt wird [DKWS19].

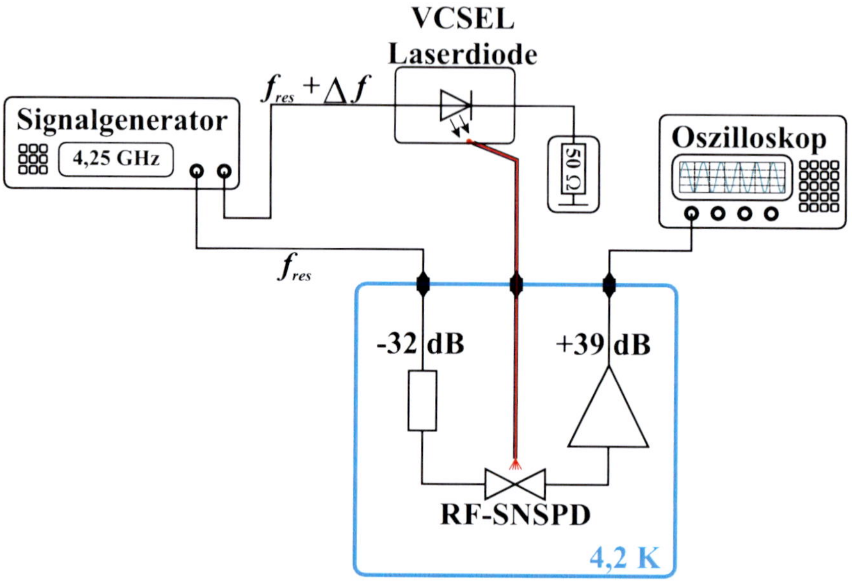

Abbildung 3.19: Messaufbau zur Modulation des auf den Detektor eingestrahlten Lichts. Ein Signalgenerator erzeugt sowohl das Biassignal des Detektors als auch die Modulationsfrequenz einer VCSEL-Diode. Die Detektionsereignisse werden mit dem Oszilloskop gemessen.

3.3.2 Besonderheiten der Arbeitspunkteinstellung mittels Wechselströmen

Der Betrieb des RF-SNSPDs mit einem oszillierenden Biasstrom variiert während einer Periode fortlaufend den Arbeitspunkt. Um diesen Effekt näher untersuchen zu können, wurde im Folgenden das zu messende optische Signal moduliert. Die Detektorfläche wird somit nicht mehr von einer konstanten Lichtintensität bestrahlt, sondern das Lichtsignal wird mit einer Frequenz $f \sim f_{res,RF-SNSPD}$ moduliert. Der dazu verwendete experimentelle Aufbau ist in Abbildung 3.19 beschrieben. Als Lichtquelle wird nun eine VCSEL (Vertical Cavity Surface Emitting Laser) Laserdiode verwendet. Diese spezielle Diodenart, die hauptsächlich für optische Datenübertragungen eingesetzt wird, ermöglicht ein schnelles Ein- und Ausschalten der Diode bis in den GHz-Bereich. Die Wellenlänge der Strahlung liegt dabei bei 850 nm. Um den Einfluss des sich ändernden Arbeitspunktes zu messen, wurde kontinuierlich die Zählrate des Detektors über der Zeit aufgenommen. Weil jedoch bereits ein einzelnes Detektionsereignis eine größere Zeitkonstante aufweist, als die Periodendauer der Resonanzfrequenz, wurde kontinuierlich der Phasenunterschied zwischen Diode und Detektor variiert. Dazu wurde eine um wenige mHz abweichende Modulationsfrequenz der Diode im Vergleich zur Resonanzfrequenz des RF-SNSPDs gewählt [DKWS19].

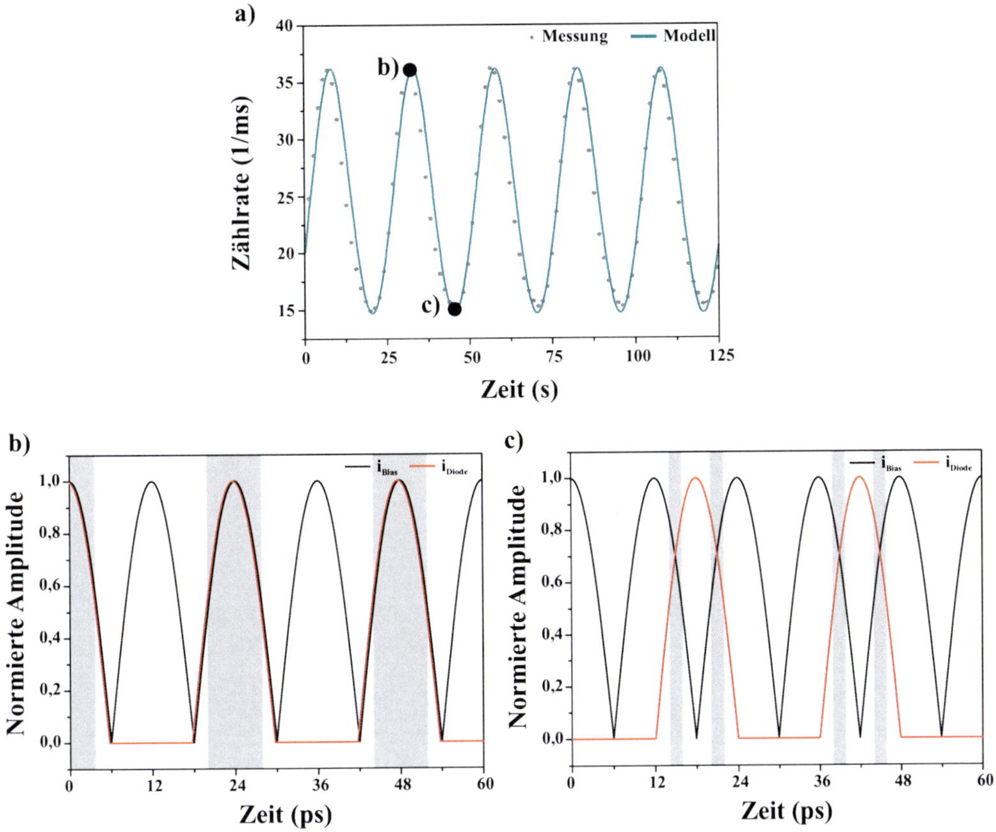

Abbildung 3.20: Im oberen Teil der Abbildung ist die gemessene Zählrate des Detektors über der Zeit dargestellt. Den Messergebnissen ist ein Modell überlagert, welches das oszillierende Verhalten der Zählrate nachbildet. (b) zeigt das Biassignal des Detektors in Phase zum Stromsignal durch die Diode. (c) deutet den Fall für eine Phasendifferenz von 90° zwischen beiden Signalen an. Grau markiert sind jeweils die Bereiche in denen eine Photonenerkennung des Detektors möglich ist [DKWS19].

In Abbildung 3.20.a ist die so gemessene Zählrate des Detektors über der Zeit gezeigt. Die Resonanzfrequenz des Detektors lag bei 4,16 GHz und die Frequenz der Diode wurde auf $f = f_{res} + 20$ mHz eingestellt. Somit ändert sich die Phase beider Signale innerhalb von 50 Sekunden um 360° zueinander. In der Zählrate erkennt man die periodische Änderung der registrierten Detektionsereignisse über der Zeit, wobei für jeden Messpunkt die registrierten Pulse in einem Zeitraum von 10 ms aufsummiert wurden. Zur besseren Übersichtlichkeit sind allerdings nicht alle aufgenommenen Messpunkte gezeigt. Man erkennt, dass die Zählratenänderung nur 25 Sekunden für einen Periodendurchlauf benötigt. Eine Erklärung hierfür zeigt sich im Detektor, für den es keinen Unterschied macht in welcher Polarität ihn das Biassignal durchfließt. Demnach folgt die Detektionseffizienz dem Absolutbetrag des Biassignals. In Abbildung 3.20.a ist den Messpunkten ein einfaches Modell überlagert, das die Detektionswahrscheinlichkeit zu jedem Zeitpunkt annähert. Das Modell bildet das Produkt aus der Absorptionswahrscheinlichkeit eines Photons sowie der Detektionseffizienz ein absorbiertes Photon zu erkennen. Dabei wird die Detektionseffizienz proportional zum aktuellen Biasstrom

$$DE = |(sin(2 \cdot \pi \cdot f_{res} \cdot t))| \tag{3.8}$$

vorausgesetzt und die Absorptionswahrscheinlichkeit eines Photons proportional zur Lichtleistung angenommen. Die Lichtleistung folgt dabei dem Diodenstrom

$$i_{Diode} = sin(2 \cdot \pi \cdot f_{res} + \Delta f \cdot t) \tag{3.9}$$

der hingegen in eine positive und negative Halbwelle unterschieden werden muss, da die Diode nur in Durchlassrichtung ein Lichtsignal erzeugt. Dies wird in der Absorptionswahrscheinlichkeit

$$P_{Photon} = \begin{cases} i_{Diode}, & i_{Diode} > 0 \\ 0, & i_{Diode} < 0 \end{cases} \tag{3.10}$$

berücksichtigt.

Der Grund für die periodische Zählratenmodulation ist in Abbildung 3.20 verdeutlicht. Abbildung 3.20.b zeigt die maximale Zählrate, wenn das Biassignal und der Diodenstrom in Phase zueinander liegen. Grau eingefärbt sind die Bereiche in denen ein Photon vom Detektor erkannt werden kann, wobei eine 50% Schwelle der Amplitude des Biassignals sowie der Amplitude des Diodenstroms für eine Detektion vorausgesetzt wurde. Der Fall einer minimalen Zählrate des Detektors ist in Abbildung 3.20.c dargestellt. Beide Signale weisen einen Phasenunterschied von 90° zueinander auf, weshalb sich die grau markierte Fläche und somit die Bereiche in denen der Detektor ein Photon erkennen kann deutlich verringert. Die Zählrate fällt nicht auf Null ab, denn es gibt in jeder Periode immer noch Bereiche in denen ein ausreichend großes Biassignal auf einen ausreichend großen Diodenstrom trifft [DKWS19].

Die Modulation der Detektionseffizienz des RF-SNSPDs mit dem oszillierenden Mikrowellenstrom zeigt entsprechend einen Unterschied zur Arbeitspunkteinstellung mittels Gleichstrom beim konventionellen SNSPD. Das Verhalten beschreibt eine Art Fensterung des Detektors, wodurch die Zeitpunkte wann ein Photon erkannt werden kann, gesteuert werden. Speziell in einer Array-Anwendung bietet sich auf diese Weise die Möglichkeit die Dunkelzählrate zu reduzieren, da nicht alle Detektoren die gesamte Zeit sensitiv sind, sondern nur zu gewissen Zeitpunkten innerhalb einer Periode.

3.4 Gegenüberstellung des konventionellen Detektorbetriebs mit dem RF-SNSPD-Konzept

In diesem Kapitel wurde die Einbindung eines konventionellen SNSPDs als Induktivität in einen supraleitenden Schwingkreis demonstriert. Die Arbeitspunkteinstellung des Detektors erfolgt nun nicht mehr mit einem Gleichstrom, sondern durch einen oszillierenden Mikrowellenstrom im Resonator. Im Falle eines erkannten Photons steigen die Verluste im Resonator stark an. Entsprechend reduziert sich die Güte des Schwingkreises und es kommt zu einer Änderung der Transmission auf der Durchgangsleitung. Sowohl das Biassignal als auch die Detektorantwort liegen somit auf der gleichen Frequenz. Das Konzept des RF-SNSPDs erlaubt daher den Betrieb eines Detektorarrays im Frequenzmultiplexverfahren mit nur einer Durchgangsleitung zwischen Raumtemperatur und der kryogenen Detektorumgebung. Der Ansatz ähnelt demnach einem etablierten Multifrequenz-Ausleseverfahren von MKID-Arrays, ist im Gegensatz dazu aber in der Lage die hohe zeitliche Auflösung des Detektors zu erhalten.

Ein direkter Vergleich des Detektorbetriebs mit Gleich- und Wechselstrom hat gezeigt, dass in beiden Fällen eine ähnliche spektrale Detektionseffizienz erreicht wird. Der Betrieb des Nanodrahts als RF-SNSPD bietet allerdings einige Vorteile. Zum einen reduziert sich der Eintrag von Störsignalen sowie des Rauschens in den Detektor. Darüber hinaus wird kein Bias Tee benötigt, da die Detektorantwort sowie das Signal zur Arbeitspunkteinstellung auf der gleichen Frequenz liegen. Da die Totzeit des Detektors nun über die charakteristische Zeitkonstante des Schwingkreises bestimmt wird, ergibt sich ein sehr stabiler Betrieb des Detektors ohne ein sogenanntes latching [21]. Weiter übernimmt der Resonator die Impedanzanpassung des Nanodrahts zur Auslesestrecke, was beim konventionellen DC-SNSPD nur sehr aufwendig möglich ist und mit einem hohen notwendigen Platzbedarf einhergeht.

Ebenso wie der DC-SNSPD weist jedoch auch der RF-SNSPD keine Energieauflösung auf. Es kann daher nicht unterschieden werden ob ein oder mehrere Photonen gleichzeitig absorbiert wurden. In der Verschaltung mehrerer Detektoren zu einem Detektorarray ergibt sich hingegen eine Photonenzahl-Auflösung proportional zur Pixelzahl. Im nachfolgenden Kapitel wird daher die Weiterentwicklung der RF-SNSPD-Einzelpixel zu RF-SNSPD-Arrays beschrieben.

4 Entwicklung von Multipixel-RF-SNSPD-Arrays

Im direkten Vergleich zu einem konventionellen SNSPD spielt der RF-SNSPD seine Vorteile speziell in Array-Anwendungen aus. In diesem Kapitel wird entsprechend die Weiterentwicklung des Einzelpixeldesigns zu einem Detektorarray beschrieben. Dazu wird das nichtlineare Verhalten der kinetischen Induktivität eines Nanodrahts näher untersucht und aus den Ergebnissen ein verbessertes Schwingkreislayout abgeleitet. Dieses erlaubt den optimalen Betrieb der Einzelpixel bei einer deutlich reduzierten Auslesebandbreite. An einem 2-Pixel-Demonstrator wird die Funktion des neuen Designs demonstriert sowie ein mögliches Ausleseprinzip mit einer zeitlichen-, räumlichen- und Photonenzahl-Auflösung des Arrays aufgezeigt.

Die Skalierbarkeit des Frequenzmultiplexverfahrens wird am Ausbau des Demonstrators zu einem 16-Pixel-Array belegt, wobei alle Pixel mit nur einer gemeinsamen Durchgangsleitung betrieben werden. Es wird eine ausführliche Mikrowellencharakterisierung der Detektoren durchgeführt, von der bereits Rückschlüsse auf die optischen Detektoreigenschaften der Einzelpixel gezogen werden kann. Zum Ende des Kapitels wird die zeitgleiche Auslese aller Pixel im Array vorgeführt und auf die Besonderheiten des Multifrequenz-Betriebs eingegangen.

4.1 Erweiterung des RF-SNSPD-Konzepts für Multipixel-Anwendungen

Das Konzept des RF-SNSPDs ermöglicht den Betrieb eines Detektorarrays mit nur einer gemeinsamen Durchgangsleitung. Theoretisch gilt dies für eine beliebige Anzahl an Pixel im Array, solange eine beliebig große Systembandbreite zur Verfügung steht. In einer realen Anwendung ist diese jedoch hauptsächlich durch die Signalerzeugung und Erfassung begrenzt. Die Anregungstöne werden meist digital erzeugt und über einen Digital-Analog-Wandler in den Messaufbau eingekoppelt. Auf der anderen Seite müssen die Detektorantworten wieder über einen Analog-Digital-Wandler für die weitere Datenverarbeitung digitalisiert werden. Beide Wandler weisen dabei nach dem Nyquist-Shannon-Abtasttheorem eine begrenzte Bandbreite auf, bis zu der sie Signale verarbeiten können. Wie viele Detektoren im Falle eines RF-SNSPD-Arrays in der so gegebenen Bandbreite betrieben werden können, hängt von den Resonanzeigenschaften der Schwingkreise ab. Die bisher demonstrierten RF-SNSPDs im vorherigen Kapitel zeigen alle eine relativ geringe belastete Güte und benötigen entsprechend eine hohe Bandbreite. Wie die belastete Güte gesteigert werden kann, um möglichst viele Detektoren in einer gegebenen Bandbreite zu betreiben, wird nachfolgend beschrieben.

4.1.1 Einfluss der nichtlinearen kinetischen Induktivität auf den Detektorbetrieb

Die bisher gezeigten RF-SNSPDs verwenden alle den supraleitenden Nanodraht als den induktiven Anteil des Schwingkreises. Diese Induktivität ist durch die große kinetische Energie der Cooper-Paare begründet, welche sie beim Ladungstransport erreichen. Die Geschwindigkeit der Cooper-Paare ist allerdings nicht konstant, sondern sowohl von der Temperatur als auch von der Stromdichte im Leiter abhängig (vgl. Anhang A.1). Im Betrieb des RF-SNSPDs können Temperaturänderungen vernachlässigt werden. Die Stromdichte im Schwingkreis ändert sich hingegen signifikant. Im Arbeitspunkt erreicht die Amplitude des Mikrowellenstroms einen Wert nahe an der kritischen Stromdichte. Nach einem Detektionsereignis fällt diese dann nahezu auf Null ab. Die Geschwindigkeit der Cooper-Paare ändert sich dabei ebenso, was anhand der Gleichung für die supraleitende Stromdichte

$$j_s = 2 \cdot e \cdot n_s \cdot v_s \tag{4.1}$$

erkennbar ist. Wird die Anzahl an supraleitenden Ladungsträgern n_s als konstant angenommen, verhält sich die Geschwindigkeit der Cooper-Paare v_s proportional zur Stromdichte. Demzufolge stellt sich nach einem Detektionsereignis eine Änderung der kinetischen Induktivität und somit eine Änderung der Resonanzfrequenz des Schwingkreises ein [69, 70]. Diese Änderung der kinetischen Induktivität kann nach [51]

$$\frac{L_{kin}(I)}{L_{kin}(0)} = 1 + \left(\frac{I}{I^*}\right)^2 \tag{4.2}$$

aus dem Verhältnis des angelegten Stroms mit dem theoretischen kritischen Stroms I^* berechnet werden. Der Wert I^* beschreibt dabei den theoretisch möglichen kritischen Strom nach der Ginzburg-Landau Theorie [71] für die supraleitende Probe.

Aufgrund der hohen belasteten Bandbreiten der RF-SNSPDs konnte die nichtlineare kinetische Induktivität bisher vernachlässigt werden. Steigt jedoch die Güte, so wird der Effekt

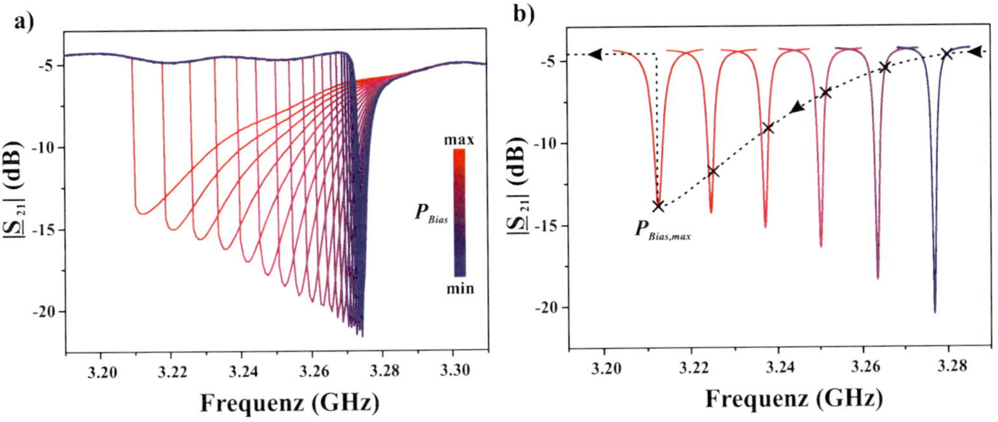

Abbildung 4.1: Einfluss der nichtlinearen kinetischen Induktivität auf den Betrieb des RF-SNSPDs. Im linken Teil der Abbildung sind mehrere Transmissionsmessungen der gleichen Probe bei verschiedenen Biasleistungen gezeigt. Rechts ist die sich ergebende Verschiebung der Resonanzfrequenz während der NWA-Messung näher verdeutlicht.

stärker und der Detektor verliert die Fähigkeit sich nach einem Detektionsereignis selbstständig zurücksetzen zu können. Dieser Vorgang ist in Abbildung 4.1.a anhand der Transmissionsmessung eines RF-SNSPDs mit höhere Güte ($Q_L = 468$) veranschaulicht. Für sehr niedrige Biasleistungen wird das Resonanzereignis auf der Durchgangsleitung bei einer Frequenz $f_{res,0}$ von 3,273 GHz gemessen. Die Induktivität des Schwingkreises liegt bei $L = L_{kin}(0)$. Durch eine sukzessive Steigerung des Biassignals steigt die Stromamplitude im Nanodraht und die Resonanzfrequenz des Schwingkreises fällt immer weiter ab, bis sie nahe der kritischen Leistung einen Wert von 3,21 GHz erreicht. In diesem Arbeitspunkt hat sich die Induktivität L des Schwingkreises um 3,7 % im Vergleich zu $L_{kin}(0)$ erhöht und so die Resonanzfrequenz um über 60 MHz verschoben. Wird dieser Detektor entsprechend mit einem Biassignal der Frequenz $f = f_{res,0}$ betrieben, so erreicht die Stromamplitude im Nanodraht niemals einen Wert nahe des kritischen Stroms und eine Einzelphotonensensitivität ist nicht gegeben.

Mit der Steigerung der Biasleistung ändert sich in der Messung nach Abbildung 4.1.a nicht nur die Resonanzfrequenz, sondern auch die Form des gemessenen Transmissionseinbruchs. Eine Erklärung hierfür findet sich in der Messung der Transmission mittels des Netzwerkanalysators, da dieser den $|\underline{S}_{21}|$-Parameter in jedem Frequenzpunkt nacheinander erfasst. Die benötigte Zeit pro Messpunkt ist dabei deutlich größer ist als die Zeitkonstante τ des Schwingkreises. In der gezeigten Messung wurde die Aufzeichnung im höchsten Frequenzpunkt bei 3,31 GHz begonnen. Während der Messung wurde dann schrittweise die Anregungsfrequenz von Punkt zu Punkt gesenkt. Sobald der NWA eine Frequenz nahe der Resonanzfrequenz erreicht, koppelt bereits Leistung in den Schwingkreis ein und die Induktivität des Nanodrahts beginnt sich zu erhöhen. Bei dem nächsten Messpunkt koppelt erneut Leistung in den Schwingkreis und die Induktivität erhöht sich weiter. Dieser Effekt wurde so auch für Titannitrid Resonatoren in [72] beobachtet.

In Abbildung 4.1.b ist der Vorgang näher verdeutlicht. Der NWA „treibt“ die Resonanzfrequenz vor sich her ohne sie messen zu können, da sich die Resonanzbedingung schneller ändert als der NWA die Anregungsfrequenz wechselt. Die Induktivität steigert sich infolgedessen immer weiter, bis sie ab einem Punkt ihren maximalen Wert erreicht hat. Die Resonanzfrequenz kann sich nicht weiter zu tieferen Frequenz verschieben und wird von der Anregungsfrequenz des NWAs überholt. Entsprechend wird eine sehr steile Flanke gemessen, da der gleiche Effekt wie zuvor nur in die andere Richtung abläuft. Die Messfrequenz ändert sich hin zu kleineren Werten, wobei die Resonanzfrequenz wegen der kleiner werdenden Induktivität auf die ursprüngliche Frequenz $f_{res,0}$ ansteigt.

Für den Betrieb des RF-SNSPD ergibt sich demzufolge eine Resonanzfrequenz im Arbeitspunkt $f_{res,AP}$ und eine Frequenz $f_{res,0}$, ohne einen Biasstrom. Diese beiden Frequenzen liegen in der Messung von Abbildung 4.1 um 63 MHz auseinander. Die belastete Bandbreite des Schwingkreises beträgt aber nur 7 MHz. Wird der Detektor in seinen Arbeitspunkt gebracht, so muss die verwendete Quelle das Biassignal beginnend bei $f = f_{res,0}$ dem RF-SNSPD bis zum Erreichen von $f = f_{res,AP}$ nachführen. Nach einem Detektionsereignis verliert der Schwingkreis hingegen die gespeicherte Energie und die Resonanzfrequenz steigt wieder auf $f_{res,0}$ an. Das Biassignal müsste also wieder beginnend von $f = f_{res,0}$ hin zu $f = f_{res,AP}$ gesteigert werden. Auf diese Weise ergibt sich eine Hysterese der Resonanzfrequenz [DKW+17b].

In einer Anwendung sorgt dies für mehrere Probleme. Zum einen wird die notwendige Bandbreite jedes Pixels stark erhöht. Im Beispiel von Abbildung 4.1 wird statt der belasteten Bandbreite von 7 MHz eine Bandbreite von 63 MHz benötigt. Ebenso sind für jedes Pixel zusätzliche Biassignale notwendig, welche den Bereich zwischen $f_{res,0}$ und $f = f_{res,AP}$ füllen. Der hysteretische Effekt hat aber auch einen Einfluss auf die Detektorantwort, was in Abbildung 4.2 verdeutlicht ist. Für die Messung wurde ein RF-SNSPD mit einer belasteten Bandbreite von 47 MHz bei einer Resonanzfrequenz $f_{res,0} = 5{,}376$ GHz verwendet (Abbildung 4.2.a). Aufgrund der niedrigeren belasteten Güte ($Q_L = 115$) liegen bei dieser Probe sowohl $f_{res,0}$ als auch $f_{res,AP}$ (5,327 GHz) gerade noch innerhalb der Resonanzbandbreite.

Die entstehende Detektorantwort des RF-SNSPDs für einen Arbeitspunkt bei $f = f_{res,AP}$ ist in Abbildung 4.2.b gezeigt. Bei $t = 0$ ns erkennt man die gewohnt starke Transmissionsänderung aufgrund eines Detektionsereignisses. Anstelle des erwarteten Einschwingvorgangs für $t > 0$ ns zeigt sich allerdings ein ganz anderer Verlauf der Transmissionsänderung, die erst wieder bei $t > 10$ ns beginnt monoton abzufallen. Erklärt werden kann diese gemessene Kurve im Bereich zwischen $0 \text{ ns} < t < 10$ ns durch eine erzwungene Schwingung, bei der die Anregungsfrequenz nicht gleich der Resonanzfrequenz ist. Erst über der Zeit ändert sich die kinetische Induktivität und die Eigenfrequenz des Schwingkreis passt wieder zur Anregungsfrequenz. Das Resultat ist eine deutlich vergrößerte Totzeit des Detektors.

Der Einfluss der nichtlinearen kinetischen Induktivität auf die Detektorantwort ist in Abbildung 4.3 anhand zweier Simulationen näher verdeutlicht. Den Simulationen liegen dabei die gemessenen Werte des Schwingkreises aus Abbildung 4.2 zugrunde. Zunächst wurde die nichtlineare kinetische Induktivität nicht berücksichtigt. Die simulierte Detektorantwort erreicht in diesem Fall eine Totzeit von etwa 12 ns. Anschließend wurde der Simulation ein nichtlinearer Term hinzugefügt, durch den die Induktivität L abhängig vom Biasstrom variiert wird. Die Abweichung von L zwischen einem Biasstrom von $I_B = 0$ % und $I_B = 80$ % beträgt dabei 1,85% und ist aus der zuvor durchgeführten Transmissionsmessung der Probe bestimmt worden. Für diesen Fall steigt die Totzeit auf rund 30 ns an und ähnelt in ihrem Verlauf stark der gemessenen Detektorantwort aus Abbildung 4.2.b.

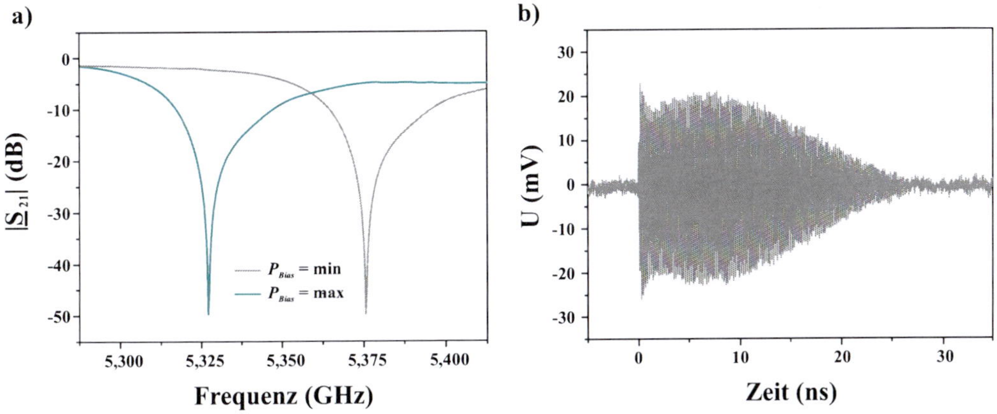

Abbildung 4.2: Einfluss der nichtlinearen kinetischen Induktivität auf die Detektorantwort des RF-SNSPDs. (a) zeigt die gemessene Transmission auf der Durchgangsleitung für die Arbeitspunkte des Detektors bei niedriger Biasleistung und bei einem Wert knapp unterhalb der kritischen Leistung. (b) stellt den gemessenen Zeitverlauf der Detektorantwort dar. Der Arbeitspunkt wurde dabei bei einer Frequenz von 5,327 GHz eingestellt.

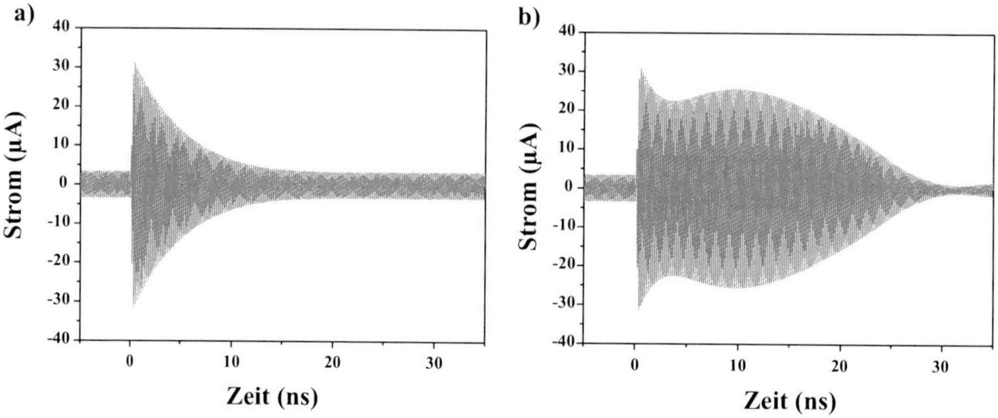

Abbildung 4.3: Vergleich der simulierten RF-SNSPD-Detektorantwort unter Berücksichtigung der nichtlinearen kinetischen Induktivität. Links ist die Simulation bei konstanter Induktivität gezeigt, rechts ist eine Änderung der Induktivität um 1,85 % während des Detektionsereignisses dargestellt.

4.1.2 Optimierter Schwingkreisentwurf zur Reduktion der Auslesebandbreite

Das nichtlineare Verhalten der kinetischen Induktivität nach Gleichung 4.2 kann im RF-SNSPD-Konzept nicht verhindert werden. Aufgrund des Detektionsmechanismus muss der Arbeitspunkt des Nanodrahts nahe am kritischen Strom liegen. Dieser fällt nach einem Detektionsereignis dann wieder asymptotisch auf Null ab und der Nanodraht kann den supraleitenden Zustand wiederherstellen.

Im Betrieb des RF-SNSPDs kann entsprechend nur versucht werden, den Einfluss der Induktivitätsänderung zu minimieren. Im bisherigen Design wird der gesamte induktive Anteil des Schwingkreises aus der kinetischen Induktivität des Nanodrahts gebildet. Um diesen Einfluss zu reduzieren, kann eine zweite Induktivität L_2 in den Schwingkreis integriert werden. Die Gesamtinduktivität ergibt sich dann zu $L_{ges} = L_{Nanodraht} + L_2$. Weist L_2 einen deutlich größeren kritischen Strom als der Nanodraht auf, so bleibt deren Induktivitätswert während des Detektorbetriebs nahezu konstant. Die Induktivitätsänderung ergibt sich auf diese Weise zu $\Delta L = \frac{L_{ges}+\Delta L_{Nanodraht}}{L_{ges}}$ und die Frequenzverschiebung im Betrieb wird um den konstanten Anteil $\sqrt{L_2}$ reduziert. Um eine wirkungsvolle Unterdrückung der Frequenzverschiebung zu erreichen, muss L_2 allerdings sehr groß gewählt werden. Entsprechend nimmt die Induktivität eine große Fläche ein, wodurch die Komplexität der Schaltung ansteigt. Die maximale Pixelzahl des Arrays wäre ebenfalls limitiert.

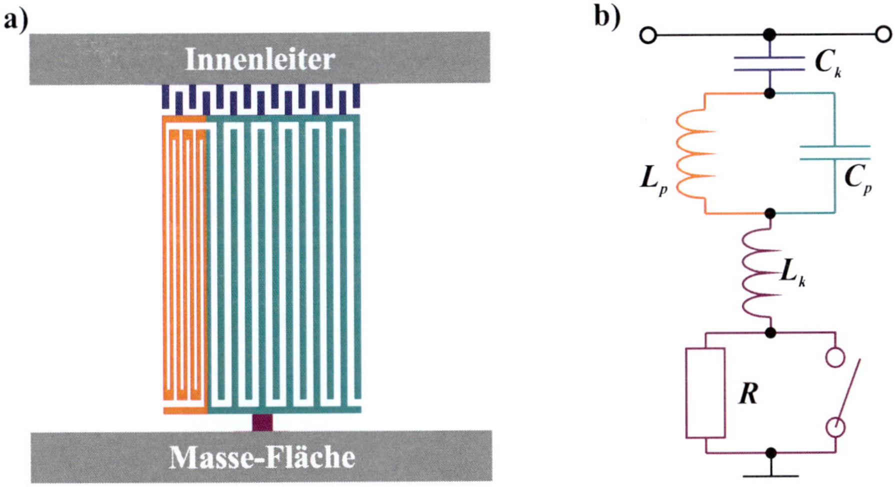

Abbildung 4.4: Schematische Darstellung des neu entwickelten RF-SNSPD-Designs, das auch bei höheren Güten zuverlässig funktioniert. (a) zeigt den Aufbau des Schwingkreises eingebettet in den Spalt eines koplanaren Wellenleiters. In (b) ist das Ersatzschaltbild des Schwingkreises dargestellt. Die einzelnen Bauteile sind zur besseren Übersicht farblich markiert [DKW⁺17b].

Eine andere Möglichkeit den Einfluss des Nanodrahts zu verringern, besteht in der Verwendung eines gekoppelten Schwingkreises, wie er in Abbildung 4.4 gezeigt ist. Er besteht aus einem Parallel-Schwingkreis der von L_p und C_p definiert wird. Dieser weist eine kapazitive Kopplung zur Durchgangsleitung über C_k, sowie eine induktive Kopplung über L_k zur Masse auf. Der in Abbildung 4.4 dargestellte Schwingkreisaufbau benötigt in dieser Konfiguration nur eine Fläche von $45 \times 100\ \mu m^2$ und ist somit nur geringfügig größer als die bisher gezeigten RF-SNSPD Layouts. Im Ersatzschaltbild wird der Nanodraht durch L_k repräsentiert und ist entsprechend nur noch als Koppelelement des Schwingkreises zu betrachten. Der Querschnitt von L_p ist deutlich größer gewählt als die Koppelinduktivität L_k, weshalb die Änderung der kinetischen Induktivität im Betrieb vernachlässigt werden kann. Warum diese Anordnung den Einfluss von L_k unterdrückt wird in der Resonanzbedingung ersichtlich. Der Imaginärteil der Impedanz des Schwingkreises kann zu:

$$\underline{Z} = j \cdot \left(\omega \cdot L_K - \frac{1}{\omega \cdot C_K} - \frac{\frac{L_P}{C_P}}{\omega \cdot L_P - \frac{1}{\omega \cdot C_P}} \right) \tag{4.3}$$

berechnet werden. Bei der Resonanz hebt sich der induktive und kapazitive Blindanteil gegenseitig auf. Diese Bedingung ist für den Fall

$$\omega L_K - \frac{1}{\omega \cdot C_K} = \frac{\frac{L_P}{C_P}}{\omega \cdot L_P - \frac{1}{\omega \cdot C_P}} \tag{4.4}$$

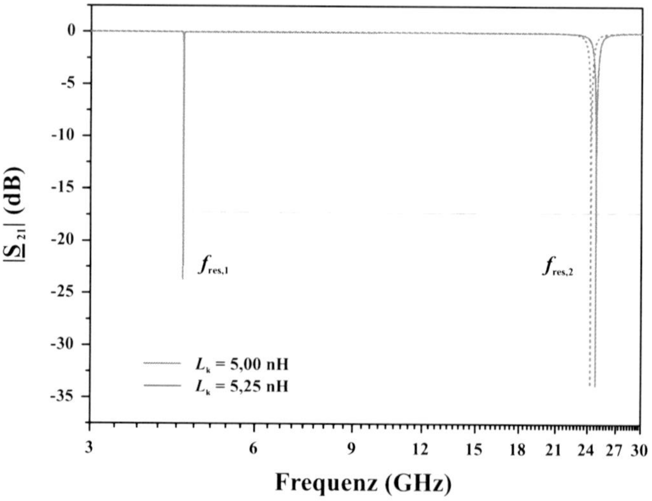

Abbildung 4.5: Simulationsergebnis eines RF-SNSPDs nach dem neuen Design. Es ist die Transmission über der Frequenz gezeigt. Man erkennt zwei Resonanzereignisse wobei nur die höhere Resonanzfrequenz $f_{res,2}$ von der Induktivitätsänderung des Nanodrahts beeinflusst wird.

erfüllt, wenn die Differenz der Koppelterme genau gleich groß wie der parallele Term ist. Dabei ergeben sich auf Grund der kapazitiven und induktiven Kopplung zwei unterschiedliche Resonanzfrequenzen. die erste liegt bei einer niedrigen Frequenz $f_{res,1}$, bei der die Impedanz der Kapazität die Kopplung bestimmt und eine zweite Resonanzfrequenz bei einer höheren Frequenz $f_{res,2}$, wenn die Induktivität die Kopplung bestimmt. Durch eine geschickte Wahl der Bauteilgrößen ergibt sich bei $f_{res,1}$ ein Verhältnis von $|\frac{1}{\omega \cdot C_k}| \gg |\omega \cdot L_k|$ und der Einfluss der Induktivität L_k kann vernachlässigt werden. Dementsprechend vereinfacht sich Gleichung 4.4 bei $f = f_{res,1}$ zu:

$$-\frac{1}{\omega \cdot C_K} = \frac{\frac{L_P}{C_P}}{\omega \cdot L_P - \frac{1}{\omega \cdot C_P}} \tag{4.5}$$

und ist nur noch von den Werten C_k, C_p und L_p abhängig, welche sich designtechnisch gut einstellen lassen [DKW+17b].

Abbildung 4.5 veranschaulicht die simulierte Transmission eines solchen gekoppelten Schwingkreises. Die Simulationswerte betragen $C_k = 10$ fF, $L_k = 5$ nH, $L_p = 22$ nH und $C_p = 48$ fF. Man erkennt im Spektrum die zwei Resonanzereignisse, wie sie aus Gleichung 4.4 zu erwarten sind. Dabei liegt $f_{res,1}$ bei 4,44 GHz und $f_{res,2}$ bei 24,83 GHz. Mit der Steigerung der Koppelinduktivität um 5 % auf $L_k = 5{,}25$ nH ändert sich $f_{res,2}$ auf 24,23 GHz. Bei dieser Resonanz sieht man den starken Einfluss der Koppelinduktivität. Bei $f = f_{res,1}$ ändert sich die Resonanzfrequenz hingegen nur marginal, da die Koppelkapazität bei dieser Frequenz dominiert.

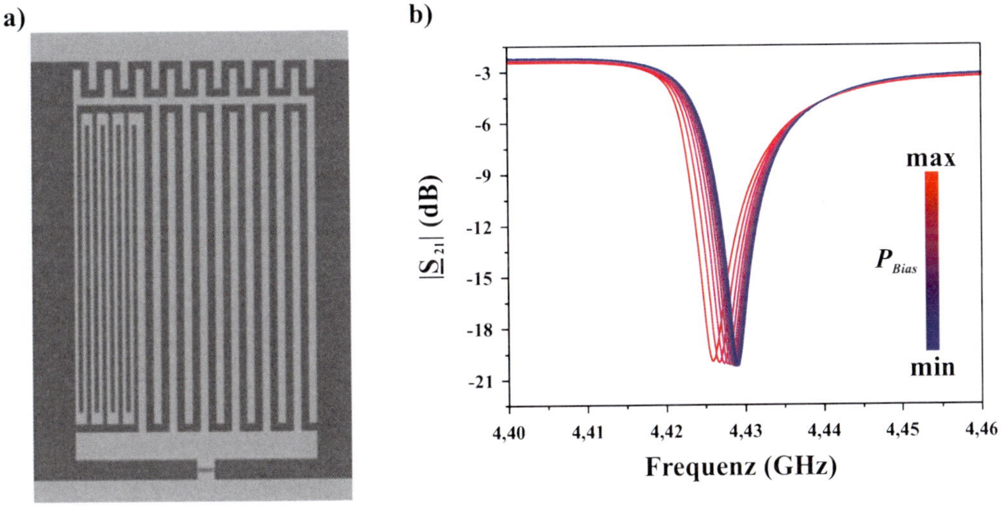

Abbildung 4.6: Demonstration des neuen RF-SNSPD-Konzepts. (a) zeigt eine Aufnahme mit dem Rasterelektronenmikroskop der hergestellten Probe. (b) stellt die gemessene Transmission auf der Durchgangsleitung für verschiedene Biasleistungen dar. Die maximal gemessene Verschiebung der Resonanzfrequenz beträgt 3,2 MHz [DKW+17b].

4.1.3 Charakterisierung des weiterentwickelten RF-SNSPD-Designs

Zur Validierung des neu gefundenen Schwingkreisentwurfes wurde ein Einzelpixel nach Abbildung 4.4 gefertigt. In Abbildung 4.6.a ist eine Aufnahme mit dem Rasterelektronenmikroskop des hergestellten RF-SNSPDs gezeigt. Die gesamte Struktur kann in der gleichen Technologie gefertigt werden wie die bisherigen RF-SNSPDs. Der Schwingkreis ist nach wie vor in den Spalt eines koplanaren Wellenleiters implementiert, wobei sich die benötigte Gesamtfläche nur geringfügig vom bisherigen Layout unterscheidet. Die Probe in Abbildung 4.6.a misst 45×100 µm^2 wobei der Nanodraht, der die Verbindung zur Massefläche herstellt eine Fläche von 1×4 µm^2 einnimmt. Dies entspricht einem Füllungsverhältnis von 50 %. Damit der kritische Strom der Probe durch den Nanodraht definiert ist, liegt die Linienbreite der parallelen Induktivität bei 1 µm, was dem zehnfachen Querschnitt des Nanodrahts entspricht. Insgesamt lassen sich die Bauteilwerte zu C_k = 10 fF, L_k = 7 nH, L_p = 21 nH und C_p = 51 fF bestimmen und liegen in guter Übereinstimmung mit den Designparametern der Simulation.

In Abbildung 4.6.b ist die gemessene Transmission auf der Durchgangsleitung für verschiedene Biasleistungen des RF-SNSPDs wiedergegeben. Die Resonanzfrequenz $f_{res,0}$ liegt bei 4,426 GHz und nimmt eine Bandbreite von 10,8 MHz ein. Die belastete Güte wird auf diese Weise um eine Größenordnung im Vergleich zum ursprünglichen Design des Schwingkreises

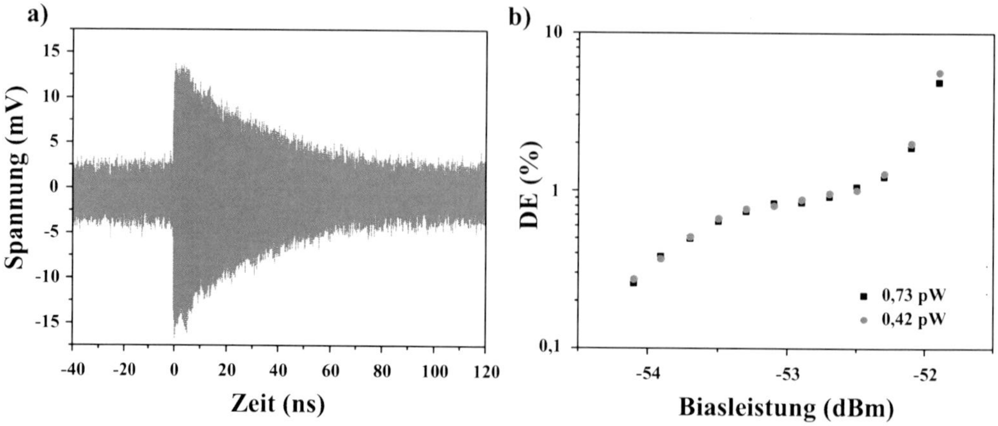

Abbildung 4.7: Optische Messungen des neuen RF-SNSPD-Konzepts. Links ist die aufgenommene Detektorantwort nach einem erkannten Einzelphoton gezeigt. Rechts ist die gemessene Detektionseffizienz des RF-SNSPDs bei verschiedenen Biasleistungen sowie zwei verschiedenen Lichtleistungen dargestellt. Die auf die aktive Fläche des Detektors treffende Lichtleistung wurde zwischen 0,42 pW und 0,73 pW variiert [DKW+17b].

aus Kapitel 3 gesteigert und erreicht nun einen Wert von 410. Mit steigender Biasleistung erkennt man immer noch eine geringe Verschiebung der Resonanzfrequenz, die eine maximale Abweichung von 3,2 MHz erreicht. Diese ist allerdings deutlich kleiner als die Resonanzbandbreite und beeinflusst somit nicht den Detektorbetrieb [DKW+17b].

Die gemessene Detektorantwort des neu entwickelten RF-SNSPDs ist in Abbildung 4.7.a gezeigt. Wie aus der Transmissionsmessung bereits erwartet, ist die erzwungene Schwingung im Einschwingverhalten des Detektors nach einem erkannten Photon verschwunden. Die Zeitkonstante des Schwingkreises ist wieder rein durch die belastete Güte sowie Resonanzfrequenz des Schwingkreises $\tau = Q_L/(\pi \cdot f_{res}) = 29{,}5$ ns definiert. Mit diesem RF-SNSPD ergibt sich dementsprechend die Möglichkeit mehr als 70 Pixel in einer Bandbreite von einem GHz zu betreiben, wobei die maximale Zählrate jedes Detektors bei circa 10 MHz liegt [DKW+17b].

Abbildung 4.7.b veranschaulicht die Detektionseffizienz des Detektors bei verschiedenen Biasleistungen. Für die Messung wurde der experimentelle Aufbau nach Kapitel 3.2.1 verwendet. Das auf den Detektor treffende Licht ist dabei durch einen Monochromator auf die Wellenlänge von 400 nm gefiltert. In der Messung ergibt sich eine steigende Effizienz des Detektors mit einer steigenden Biasleistung. Die Messung verdeutlicht dabei die einfache Arbeitspunkteinstellung des Nanodrahts anhand des Pegels der Mikrowellenleistung auf der Durchgangsleitung. Ab einer Leistung von $-53{,}5$ dBm beginnt der Detektor in eine Sättigung der Detektionseffizienz überzugehen, erreicht diese allerdings wegen einer exponentiell einsetzenden Dunkelzählrate ab $-52{,}5$ dBm nicht. Im Vergleich zeigt die so gemessene Kurve ein sehr ähnliches Verhalten wie

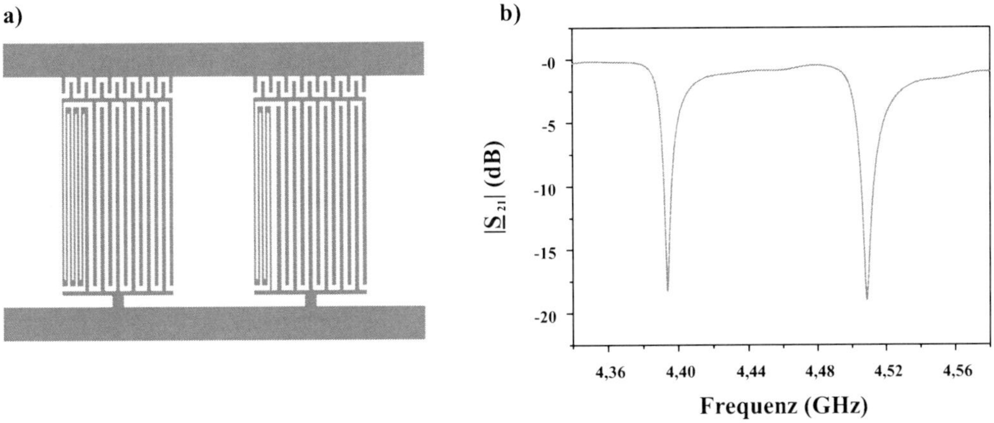

Abbildung 4.8: 2-pixel-RF-SNSPD Array [1 × 2] zur Demonstration des parallelen Betriebs mehrerer Detektoren. Links ist der schematische Aufbau beider Pixel gezeigt, welche sich im Spalt des koplanaren Wellenleiters befinden. Rechts ist die auf der Durchgangsleitung gemessene Transmission der gefertigten Probe dargestellt [DKW+17b].

konventionelle SNSPDs [68]. Der Graph in Abbildung 4.7.b enthält noch eine weitere Messung, die bei einer höheren Lichtintensität durchgeführt wurde. Die berechnete Detektionseffizienz der einzelnen Arbeitspunkte ändert sich hingegen nicht. Durch das Experiment kann somit die erwartete Linearität des Detektors nachgewiesen werden, was ein wichtiger Hinweis auf die Einzelphotonensensitivität darstellt [DKW+17b].

4.1.4 Erweiterung des Messaufbaus zur parallelen Multifrequenz-Auslese

Nach den erfolgreichen Messungen des Einzelpixels im vorherigen Kapitel, wurde der Entwurf zu einem Zweipixel-Array erweitert. An diesem wird nachfolgend der parallele Betrieb beider Detektoren sowie die gleichzeitige Auslesemöglichkeit beider Pixel getestet.

Der schematische Aufbau des Arrays ist in Abbildung 4.8.a veranschaulicht. Beide Pixel weisen einen ähnlichen Aufbau auf und sind nebeneinander in den Spalt eines koplanaren Wellenleiters eingebaut. Entsprechend ergibt sich ein Eindimensionales Array mit zwei Detektoren [1 × 2], die sich eine gemeinsame Ausleseleitung teilen. Die Bauteilwerte beider Pixel sind in Tabelle 4.1 angegeben. Beide Pixel zeigen eine unterschiedliche Resonanzfrequenz, die anhand einer Längenänderung der mäandrierten Induktivität L_p eingestellt wurde. Alle anderen Bauteilwerte der Schwingkreise sind identisch gewählt. Die gemessene Transmission auf der gemeinsamen Durchgangsleitung des Arrays ist in Abbildung 4.8.b dargestellt. Man erkennt die

Resonanzfrequenz von Pixel 1 bei 4,393 GHz und die des zweiten Pixels bei 4,507 GHz. Im Vergleich zum Einzelpixel (vgl. Kapitel 4.1.3) liegen die belasteten Bandbreiten bei 14,6 MHz beziehungsweise 21,4 MHz. Es ergeben sich entsprechend belastete Güten $Q_L = 301$ für Pixel 1 und $Q_L = 211$ für das zweite Pixel [DKW+17b].

Zum gleichzeitigen Betrieb beider Detektoren wurde der zuvor verwendete analoge Signalgenerator durch einen digitalen Arbiträr-Funktionsgenerator (M8190a) von Keysight Technologies ersetzt. Dieser ermöglicht es gleichzeitig mehrere Töne innerhalb einer Bandbreite von 5 GHz zu erzeugen und auf einer gemeinsamen Leitung auszugeben. Weiterhin ist es möglich die Signalamplitude jedes Einzeltons separat anzupassen und damit jedes Pixel in einem individuellen Arbeitspunkt zu betreiben. Die Messung der Detektorantwort erfolgt nach wie vor durch das Oszilloskop, dessen Daten kontinuierlich auf einen Computer übertragen und ausgewertet werden.

In Abbildung 4.9.a ist ein so aufgenommenes Detektionsereignis veranschaulicht und mit der Messung des gleichen Zeitbereichs ohne Ereignis überlagert. Wegen der Differenzfrequenz von 114 MHz zwischen beiden Biassignalen ergibt sich eine Modulation des gemessenen Signals. Bei $t = 0$ ns erkennt man ein Detektionsereignis im Array. Bis auf die Modulation der Einhüllenden weist die Amplitudenänderung den gleichen Verlauf auf, wie der von den zuvor gezeigten Einzelpixeln. Um zu erkennen welches der beiden Pixel das Photon registriert hat, muss das Messsignal in den Frequenzbereich transformiert werden. Dies geschieht im verwendeten Messaufbau über einen FFT-Algorithmus und ist in Abbildung 4.9.b für beide Zeitsignale dargestellt. Für Pixel 1 mit einer Resonanzfrequenz von 4,393 GHz ist keine Änderung des berechneten Frequenzspektrums zu erkennen. Die Amplitude bei der Resonanzfrequenz des zweiten Pixels ($f = 4{,}507$ GHz) ändert sich hingegen um mehr als das Doppelte. Folglich kann das Detektionsereignis eindeutig Pixel 2 zugeordnet werden. Durch die kontinuierliche Beobachtung des Frequenzbereichs ergibt sich somit für ein RF-SNSPD-Array eine zeitliche- und räumliche

	Pixel 1	Pixel 2
L_k	6,5 nH	6,5 nH
C_k	10 fF	10 fF
L_p	21,4 nH	20,2 fF
C_p	51 fF	51 fF
f_{res}	4,393 GHz	4,507 GHz
Q_L	301	211

Tabelle 4.1: Übersicht über die ermittelten Bauteilwerte und Resonanzeigenschaften des 2-Pixel-RF-SNSPD-Arrays.

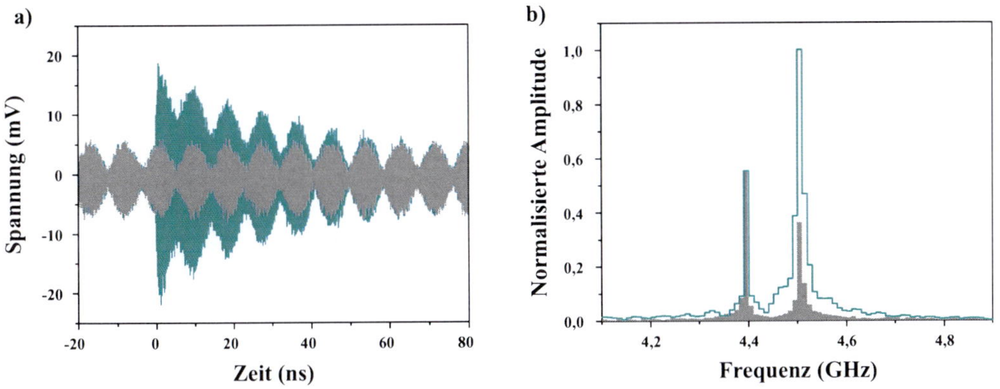

Abbildung 4.9: Demonstration der parallelen Auslese zweier RF-SNSPDs. (a) zeigt das gemessene Signal auf der Durchgangsleitung für zwei Fälle: in grau ohne ein Detektionsereignis, in grün mit einer registrierten Detektorantwort. Beide Zeitsignale wurden in den Frequenzbereich übertragen und sind in (b) dargestellt [DKW+17b].

Auflösung. Weiter wurde im Betrieb des 2-Pixel-Arrays kein Hinweis auf ein unerwünschtes Übersprechen beider Detektoren festgestellt, auch wenn beide Detektoren im selben Zeitbereich ein Photon erkannt haben. Dementsprechend wird eine Photonenzahl-Auflösung des Arrays erreicht, da zeitgleich stattfindende Ereignisse in unterschiedlichen Pixeln zuverlässig ausgelesen werden können [DKW+17b].

4.2 Realisierung eines 16-Pixel-Detektorarrays

Der RF-SNSPD kombiniert den konventionellen SNSPD mit einem Frequenz-Multiplexer, wodurch der Betrieb eines Arrays mit nur einer gemeinsamen Ausleseleitung ermöglicht wird. Die Pixelzahl ist dabei beliebig skalierbar und nur von der vorhandenen Systembandbreite beschränkt.

Die vielversprechenden Ergebnisse des 2-Pixel-Arrays deuten bereits die Vorteile des RF-SNSPD-Konzepts in einer Multipixel-SNSPD-Anwendung an. Die einfache Skalierbarkeit einzelner RF-SNSPDs zu großen Arrays wird in diesem Unterkapitel anhand der Weiterentwicklung des 2-Pixel Demonstrators zu einem 16-Pixel [2×8] Array veranschaulicht. Es wird sowohl die Funktion aller 16 Einzelpixel als auch der Multifrequenz-Betrieb des gesamten Arrays demonstriert. Bevor auf die Messergebnisse des Arrays eingegangen wird, werden nachfolgend jedoch erst die Simulationen beschrieben, anhand derer das Design des 16-Pixel-Arrays entwickelt wurde.

4.2.1 Dimensionierung und Anordnung der Schwingkreise

Das 16-Pixel-Array soll wie die zuvor beschriebenen RF-SNSPDs in einer konventionellen SNSPD Technologie herstellbar sein und nur aus einer einzigen NbN-Schicht bestehen. Die Einzelpixel werden nach dem Muster aus Kapitel 4.1.2 aufgebaut und die Resonanzfrequenz anhand der parallelen Induktivität L_p eingestellt. Die benötigte Bandbreite zum Betrieb des Arrays soll dabei 1,275 GHz betragen, was ein Kompromiss zwischen Komplexität der Auslesestrecke sowie der notwendigen Herstellungsgenauigkeit darstellt. Durch die verwendete NbN-Schicht aus 5 nm Dicke und der sehr geringen Leiterbreiten von bis zu 100 nm im Nanodraht ergeben sich sehr kleine Querschnitte der Strukturen. Ein Fabrikationsfehler von wenigen nm fällt daher stark ins Gewicht und kann die Resonanzfrequenz schnell um mehr als 10 MHz verschieben. Der sich ergebende Abstand von 85 MHz zwischen zwei RF-SNSPDs dient auf diese Weise als Reserve, um Frequenzabweichungen einzelner Pixel auszugleichen.

Die 16 Detektoren sollen in beide Spalte des koplanaren Wellenleiters eingebaut werden, um eine größere Packungsdichte zu erreichen. Das Array unterteilt sich entsprechend auf zwei Zeilen mit jeweils 8 Detektoren. Dabei wird jedes Einzelpixel nach dem gleichen Schema aufgebaut. Lediglich die Länge der Parallelinduktivität verkürzt sich mit steigender Pixelzahl, um die Variation der Resonanzfrequenz einzustellen. In Abbildung 4.10 ist das so entworfene Layout wiedergegeben. Die Nummerierung der Pixel bezieht sich auf die Resonanzfrequenz, wobei die kleinste Zahl die niedrigste Resonanzfrequenz aufweist. Der Spalt des koplanaren Wellenleiters beträgt 100 µm Abstand zur Massefläche, wodurch die Höhe der Pixel definiert ist. Die Breite jedes RF-SNSPDs beträgt 45 µm. Bei einem Abstand zweier Pixel von 80 µm ergibt sich entsprechend eine gesamte Fläche des Arrays von 920 × 450 μm^2 [DKW+17a].

Beim Entwurf des Arrays wurde darauf geachtet, die Kopplung der Schwingkreise untereinander so gering wie möglich zu halten. Auf diese Weise wird ein parasitäres Übersprechen zwischen benachbarten Pixeln wirkungsvoll unterbunden. Bewerkstelligen lässt sich dies durch einen großen Abstand zwischen zwei im Frequenzraum benachbarter Pixel, wie es auch für MKIDs üblich ist [73]. Dies wurde im erstellten Layout auf zwei Arten realisiert. Zum einen befinden sich zwei im Frequenzraum benachbarte Pixel in unterschiedlichen Zeilen des Arrays. So wird ihr Abstand um die Innenleiterbreite erhöht. Zum anderen wurden zwei im Frequenzraum benachbarte Detektoren nicht direkt gegenüber in beiden Zeilen angeordnet, sondern mit maximalem Abstand zueinander. Das erste und zweite Pixel weisen entsprechend einen Abstand von 323 µm auf, anstelle einer Entfernung von 80 µm im ungünstigsten Falle [DKW+17a].

Die simulierte Transmission auf der Durchgangsleitung des Arrays ist in Abbildung 4.11 wiedergegeben. Man erkennt die 16 Resonanzereignisse, welche in der Bandbreite zwischen

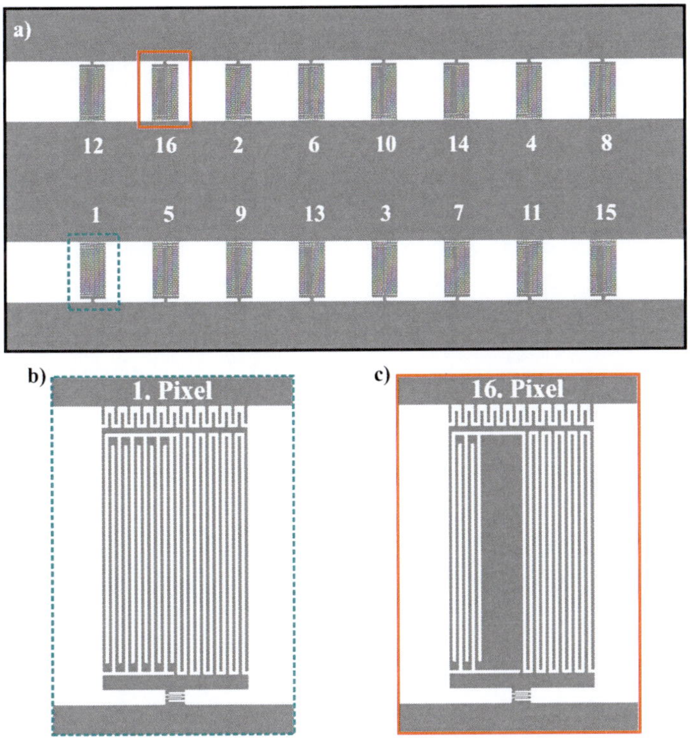

Abbildung 4.10: Layout des 16-Pixel-RF-SNSPD-Arrays. (a) zeigt das Layout aller 16-Pixel eingebettet in einen koplanaren Wellenleiter. Jeweils acht Detektoren befinden sich im oberen und unteren Spalt. Entsprechend ergibt sich ein 2×8 Array. Die Einzelpixel sind anhand ihrer Resonanzfrequenz durchnummeriert, wobei die kleinste Zahl für die geringste Resonanzfrequenz steht. (b) und (c) zeigen ein vergrößertes Bild des 1. und 16. Pixels. Man erkennt die Änderung der Resonanzfrequenz anhand der variierenden Länge der mäandrierten Induktivität L_p. Für eine bessere Vergleichbarkeit wurde Pixel 16 um 180° gedreht [DKW+17a].

2,89 GHz und 4,16 GHz liegen. Die Resonanzfrequenzen und somit die Arbeitspunkte der Detektoren wurden dabei durch eine Längenvariation der mäandrierten Induktivität L_p eingestellt und sind in Abbildung 4.10 exemplarisch für das 1. und 16. Pixel gezeigt. Neben der Induktivität L_p sind alle anderen Werte der Resonatoren identisch ausgelegt. Folglich ergibt sich eine leichte Steigerung der Kopplung für Pixel mit höherer Resonanzfrequenz. In der Transmission erkennt man dies an einer geringfügigen Steigerung der belasteten Bandbreiten [DKW+17a].

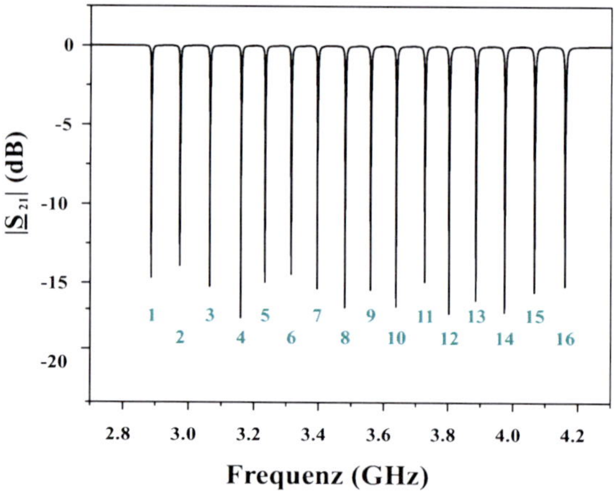

Abbildung 4.11: Simulierte Transmission auf der Durchgangsleitung des 16-Pixel-Arrays. Die einzelnen Schwingkreise sind anhand ihrer Resonanzfrequenz referenziert (vgl. Abbildung 4.10) [DKW+17a].

4.2.2 Untersuchung der Mikrowelleneigenschaften des Arrays

Auf Basis des im vorherigen Unterkapitel erstellten Layouts, wurde ein 16-Pixel-RF-SNSPD-Array hergestellt. Eine Aufnahme der Probe mit dem optischen Mikroskop ist in Abbildung 4.12.a dargestellt. Unterhalb des KIT-IMS Logos sind der koplanare Wellenleiter sowie die 16 Pixel erkennbar. In Abbildung 4.12.b ist eine vergrößerte REM-Aufnahme des ersten Pixels zu sehen. Eine zweite Aufnahme zeigt den Nanodraht des Detektors, der vom Layout der bisher gezeigten Nanodrähte abweicht. Seine Länge beträgt 17 µm und die Breite wurde mit 73 nm gemessen, was ein etwas geringerer Wert darstellt als die Designbreite von 80 nm. Man erkennt einen deutlich geringeren Füllfaktor der aktiven Fläche, der nur noch 21% statt den bisherigen 50% beträgt. Durch eine Vergrößerung des Spalts zwischen der mäandrierten Leitungsführung soll die entstehende Stromüberhöhung in den Kurven reduziert werden [74]. Diese 180° Biegungen wiesen bisher einen Innenradius von 100 nm auf, der im neuen Design auf 500 nm gesteigert wurde. Dadurch wird eine gleichmäßigere Stromdichte im Kurvenbereich erreicht und so die Einzelphotonensensitivität erhöht.

Die sich ergebende Transmission auf der Durchgangsleitung ist in Abbildung 4.13.a dargestellt. Man erkennt bei einer Leistung unterhalb P_C alle 16 Resonanzereignisse. Sowohl die gemessenen Resonanzfrequenzen der Einzelpixel, als auch ihr Abstand zur Resonanzfrequenz des nächsthöher schwingenden Pixels sind in Tabelle 4.2 wiedergegeben. Im Vergleich zur Simulation wird eine Abweichung der Resonanzfrequenzen zu den simulierten Werten deutlich. Diese ist zum Teil auch erwartet und durch Herstellungstoleranzen begründet. Bei den Pixeln

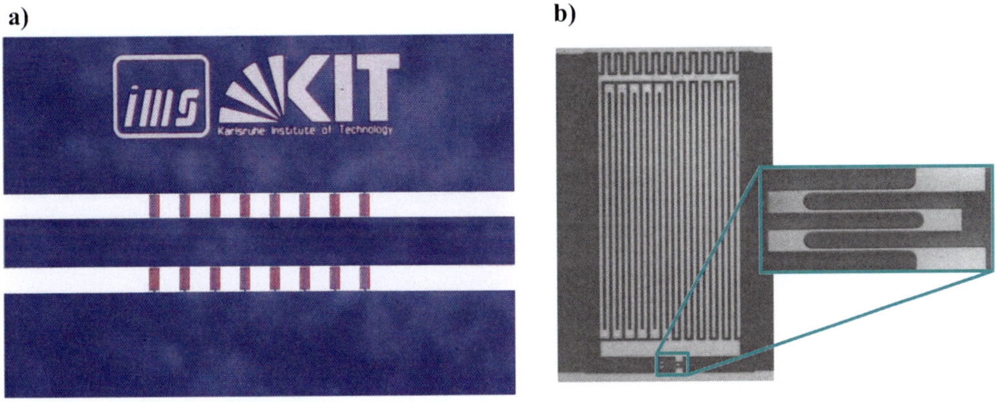

Abbildung 4.12: Links ist ein Bild des hergestellten 16-Pixel-Arrays gezeigt, aufgenommen mit einem optischen Mikroskop. Rechts daneben ist eine REM-Aufnahme des ersten Pixels sowie eine vergrößerte Aufnahme des Nanodrahts im Schwingkreis gezeigt.

Nummer 4, 8, 11 und 13 ist die Abweichung mit in der Spitze bis zu 93 MHz aber so groß, dass sie nicht mit einer Herstellungstoleranz erklärt werden kann. Es handelt sich viel mehr um einen systematischen Fehler in der Simulation. In dieser wurde der Induktivitätswert von L_P als homogen über der Länge angenommen. Es zeigt sich jedoch, dass die Biegungen der Mäandrierung einen deutlich größeren Beitrag zur Gesamtinduktivität leisten als die geraden Abschnitte. Aufgrund des engen Radius der 180° Biegung wird die effektive Breite des Leiters reduziert und es stellt sich in diesen Bereichen eine höhere Stromdichte ein [74]. Ändert sich zwischen zwei Schwingkreisen nur die Länge von L_P bei gleicher Anzahl an 180° Biegungen, so ergibt sich eine andere Induktivitätsänderung als bei gleicher Längenänderung in Kombination mit einer Änderung der Anzahl an Biegungen. Dies zeigt sich speziell bei Pixel 4, 8, 11 und 13 in einer deutlichen Variation der Resonanzfrequenz zwischen Simulation und Messung [DKW$^+$17a]. In einem zukünftigen Entwurf könnte dieser unerwünschte Effekt auf zwei Arten vermieden werden. Zum einen könnte die Längenvariation von L_P unter Beibehaltung der Anzahl an Biegungen erfolgen. Zum anderen kann die Kapazität C_P anstelle der Induktivität L_P variiert werden, um die Resonanzfrequenz der Pixel einzustellen.

Zum Nachweis der Funktion des Arrays wurde die Transmissionsmessung für verschiedene Biasleistungen wiederholt. Dabei zeigt jeder Detektor eine individuelle kritische Leistung, bei der das gemessene Resonanzereignis verschwindet. Die Unterschiede bei den erreichten kritischen Leistungen ergeben sich dabei zum einen durch einen variierenden kritischen Strom der Nanodrähte und zum anderen durch die unterschiedlichen Güten der Schwingkreise. In Abbildung 4.13.a ist eine weitere Messung gezeigt, bei der die Leistung auf der Durchgangsleitung die kritische Leistung aller Detektoren überschreitet. Man erkennt die Trägerfrequenzmodula-

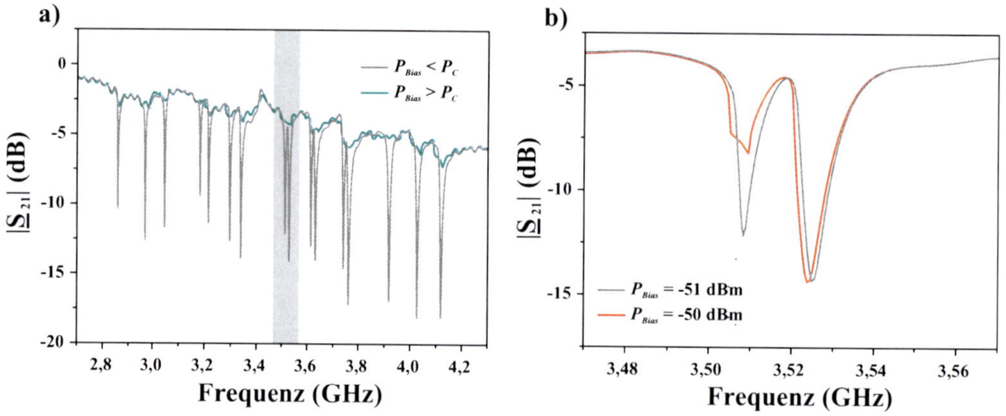

Abbildung 4.13: Die linke Seite zeigt die gemessene Transmission auf der Durchgangsleitung des 16-Pixel Arrays. Die Leistungspegel liegen einmal deutlich über und einmal deutlich unter der kritischen Leistung P_C. Rechts ist die Transmission im Bereich des achten und neunten Pixels gezeigt. Es ist die Messung bei einem Leistungspegel knapp unter und knapp über P_C des 8. Pixels abgebildet [DKW+17a].

tion bei allen 16 Resonanzfrequenzen, welche die Funktion des Frequenzmultiplexverfahrens veranschaulicht. Der Grund für die sinkende Transmission bei steigender Frequenz liegt in den frequenzabhängigen Verluste des Systemaufbaus und sind keine Eigenschaft des Arrays [DKW+17a].

In Abbildung 4.13.b ist die Transmissionsmessung in einem schmalen Frequenzbereich zwischen dem 8. und 9. Pixel dargestellt. Zwischen diesen beiden Detektoren wird mit 16,3 MHz der kleinste Abstand der Resonanzfrequenzen gemessen, sie lassen sich aber dennoch eindeutig

Pixel	f_{res} (GHz)	$\Delta(f_{n+1} - f_n)$ (GHz)	Pixel	f_{res} (GHz)	$\Delta(f_{n+1} - f_n)$ (GHz)
1	2,857	0,112	9	3,528	0,086
2	2,969	0,077	10	3,614	0,017
3	3,046	0,137	11	3,631	0,108
4	3,183	0,033	12	3,739	0,022
5	3,216	0,079	13	3,761	0,157
6	3,295	0,043	14	3,918	0,109
7	3,338	0,174	15	4,027	0,09
8	3,512	0,016	16	4,117	—

Tabelle 4.2: Gemessene Resonanzfrequenzen des 16-Pixel-Arrays, sowie der berechnete Abstand zweier benachbarter Pixel.

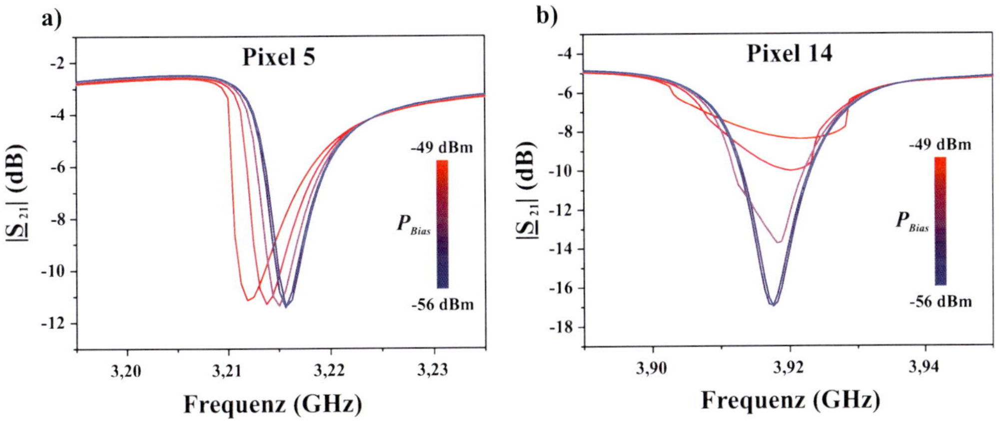

Abbildung 4.14: Änderung der Transmission im Frequenzbereich des 5. und 14. Pixels bei einer sich ändernden Anregungsamplitude auf der Durchgangsleitung im Bereich zwischen −56 dBm und −49 dBm.

unterscheiden. Im Bereich der Biasleistung zwischen −51 dBm und −50 dBm erkennt man das Überschreiten des kritischen Stroms in Detektor Nummer 8. Die sich ergebende Transmissionskurve mit den zwei Sprüngen ist dabei dem NWA geschuldet. Da sich die Frequenz während der Messung nur langsam ändert, springt der Nanodraht mehrere Male zwischen dem supraleitenden und dem normalleitenden Bereich. Der NWA misst somit eine gemittelte Transmission in jedem Punkt, was zu der Zwischenstufe bei einer Höhe von −8 dB führt. Das 9. Pixel zeigt lediglich eine leichte Verschiebung der Resonanzfrequenz, aufgrund des höheren Mikrowellenstroms im Nanodraht, befindet sich aber noch unterhalb von P_C. Beide Detektoren lassen sich dementsprechend individuell steuern ohne eine erkennbare Beeinflussung des Nachbarpixels. Der Abstand von lediglich 16,3 MHz ist demzufolge ausreichend, um die Signale sicher voneinander zu trennen. Die benötigte Bandbreite des Arrays von 1,275 GHz könnte also für zukünftige Entwürfe auf bis zu 245 MHz reduziert werden.

Neben der Charakterisierung des Arrays anhand der kritischen Leistungspegel ergibt sich beim RF-SNSPD noch eine weitere Möglichkeit den Nanodraht zu charakterisieren. In [67] wird eine Möglichkeit beschrieben, wie die minimale Energieauflösung eines SNSPDs berechnet werden kann. Diese ergibt sich aus dem Verhältnis des messbaren kritischen Stroms zum theoretisch maximal erreichbaren Strom des Nanodrahts. Dieses Verhältnis kann in einer Gleichstrommessung nicht ohne Weiteres gemessen werden. Eingebaut in einen supraleitenden Schwingkreis erzeugt aber genau dieses Verhältnis die Nichtlinearität der kinetischen Induktivität und so die stromabhängige Verschiebung der Resonanzfrequenz nach Gleichung 4.2. Dieser Effekt ist im Layout der Einzelpixel zwar stark unterdrückt, aber dennoch messbar. Die Pixel mit der größten stromabhängigen Verschiebung sollten daher auch die besten Ergebnisse bei der Einzelphotonendetektion zeigen.

Die gemessene Transmission auf der Durchgangsleitung im Bereich des 5. und 14. Pixels ist in Abbildung 4.14 dargestellt. Dabei wurde die Messung für verschiedene Biasleistungen wiederholt. Bei Pixel Nummer 5 wurde dabei mit 3,7 MHz die größte Verschiebung zwischen $f_{res,0}$ und $f_{res,AP}$ aller Pixel im Array gemessen. Die geringste Verschiebung zeigt hingegen Pixel Nummer 14, bei dem keine signifikante Verschiebung gemessen werden konnte. Ebenso zeigt dieser RF-SNSPD die mit Abstand geringste kritische Leistung bei $-53,4$ dBm. Eine Erklärung kann ein Defekt im Nanodraht sein, beispielsweise eine lokale Einschnürung des supraleitenden Querschnitts, der den kritischen Strom reduziert. In diesem Fall wird nur in diesem kleinen Bereich ein Wert nahe des kritischen Stroms erreicht, im restlichen Nanodraht ist der Biasstrom weit vom Maximum entfernt. Folglich ergibt sich keine messbare Änderung der kinetischen Induktivität.

4.3 Einzelphotonendetektion mit einem 16-Pixel-SNSPD-Array

In diesem Unterkapitel werden die optischen Detektionseigenschaften des 16-Pixel-Arrays untersucht. Dazu werden zuerst die gemessenen spektralen Detektionseffizienzen jedes Einzelpixels analysiert. Die Ergebnisse werden dann mit der vorab erstellten Charakterisierung verglichen. Danach wird auf den Multifrequenz-Betrieb des Arrays eingegangen und die Unterschiede zur Einzeltonanregung diskutiert. Abschließend wird der erfolgreiche Betrieb aller 16-Pixel simultan demonstriert.

4.3.1 Untersuchung der Detektionseffizienz aller Einzelpixel

Zur Charakterisierung der optischen Eigenschaften des Arrays wurde zuerst die spektrale Detektionseffizienz jedes Einzelpixels gemessen. Dazu wurde wie in Kapitel 3.3.1 die auf die Nanodrähte treffende optische Leistung kalibriert. Die Effizienz jedes Einzelpixels ergibt sich dann aus dem Verhältnis zwischen den in einer Sekunde detektierten und den in einer Sekunde aufgetroffenen Photonen. Das Biassignal jedes Detektors wurde für die Messungen individuell, auf einen Wert von 80% der kritischen Biasleistung eingestellt. Bei diesem Arbeitspunkt wird eine gute Vergleichbarkeit der Messergebnisse gewährleistet und gleichzeitig der Einfluss von Dunkelzählereignissen minimiert. Die so gemessene spektrale Effizienz des fünften Pixels ist in Abbildung 4.15 wiedergegeben. Der Graph zeigt die Detektionseffizienz in einem Bereich zwischen 400 nm und 750 nm. Es lässt sich eine gleichbleibende Effizienz von circa 7,7% bis zu einer Wellenlänge von 470 nm erkennen. Oberhalb dieser Cut-Off-Wellenlänge λ_C fällt die

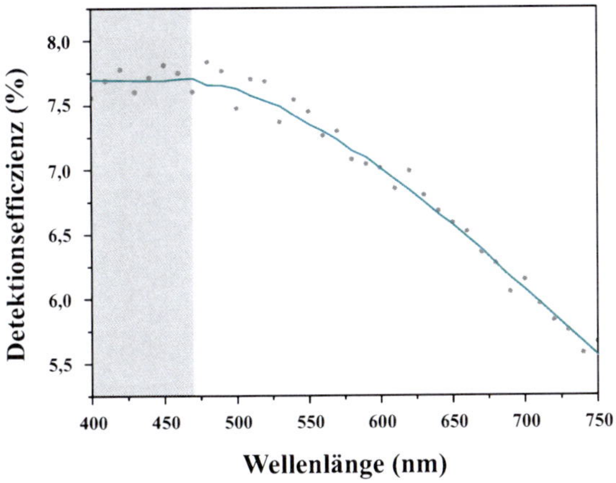

Abbildung 4.15: Gemessene Detektionseffizienz des fünften Pixels über einem Wellenlängenbereich zwischen 400 nm und 700 nm. Für die Wellenlängen im grau markierte Bereich gilt $\lambda < \lambda_C$.

Effizienz kontinuierlich ab, da die Energie des Einzelphotons allein nicht mehr ausreicht ein Detektionsereignis auszulösen. Die maximal gemessene Effizienz von 7,7% ist deutlich größer als die zuvor bestimmte Effizienz der Probe aus Kapitel 4.1.3. Das Ergebnis zeigt somit die positive Wirkung des größeren Biegeradius im Nanodraht und der dadurch homogeneren Stromdichteverteilung. Die Effizienz zukünftiger RF-SNSPDs könnte daher durch die spiralförmige Implementierung des Nanodrahts weiter verbessert werden, wodurch ein Optimum zwischen Füllfaktor und Biegeradius erreicht wird [CSD+16].

Pixel	DE (%)	λ_C (nm)	Pixel	DE (%)	λ_C (nm)
1	3,3	430	9	4,7	440
2	2,8	430	10	3,8	440
3	4,1	450	11	2,9	430
4	3,3	440	12	2,6	420
5	7,7	470	13	0,4	< 400
6	6,9	450	14	4,8	450
7	3,1	440	15	5,5	450
8	3,3	440	16	2,5	440

Tabelle 4.3: Ergebnisse der spektralen Messungen aller Einzelpixel im Array. Angegeben ist sowohl die maximal erreichte Detektionseffizienz als auch die Cut-Off-Wellenlänge.

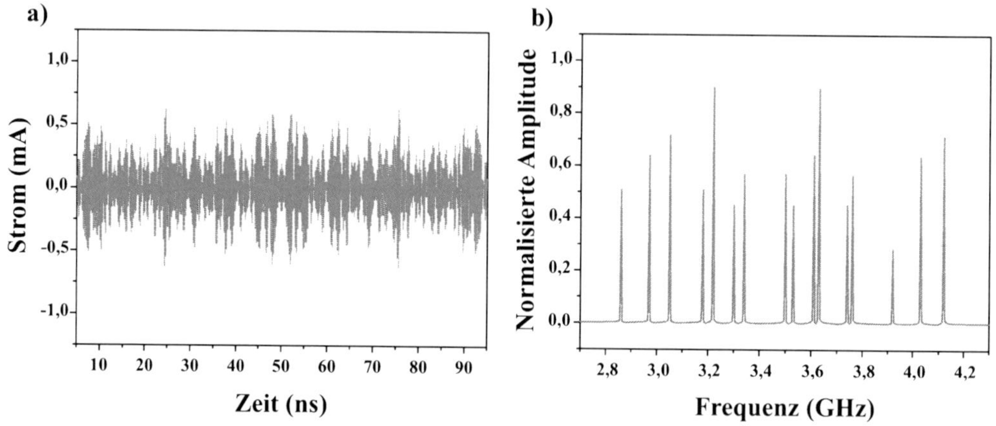

Abbildung 4.16: Signale auf der Durchgangsleitung während alle 16 Pixel parallel betrieben werden. (a) zeigt das simulierte Zeitsignal auf der Durchgangsleitung. In (b) wurde der aus dem Zeitsignal resultierende Frequenzbereich berechnet.

In Tabelle 4.3 sind die erreichten Effizienzen sowie die gemessenen Cut-Off-Wellenlängen aller Detektoren angegeben. Die Ergebnisse bestätigen die zuvor durchgeführte Mikrowellencharakterisierung. Pixel Nummer 5 zeigt die höchste gemessene Effizienz in Kombination mit der höchsten Cut-Off-Wellenlänge. Umgekehrt zeigt Pixel Nummer 14 die geringste Effizienz und eine Cut-Off-Wellenlänge kleiner 400 nm, was die minimal messbare Wellenlänge im verwendeten Aufbau darstellt. Neben der spektralen Bandbreite wurde auch die zeitliche Auflösung der Einzelpixel gemessen. Die Ergebnisse waren dabei für alle Detektoren sehr ähnlich und lagen im Durchschnitt bei 59 ps (FWHM) [DKW+17a].

4.3.2 Zeitgleiche Demonstration des parallelen Betriebs aller Pixel

Nach der Charakterisierung jedes Einzelpixels wird nun der gleichzeitige Betrieb aller Detektoren demonstriert. Die Zuordnung der registrierten Detektionsereignisse zu den entsprechenden Positionen im Array erfolgt dabei anhand der Resonanzfrequenzen. In einem ersten Schritt wurde daher untersucht, ob die Reihenfolge der gemessenen Resonanzfrequenzen mit dem Entwurf der Schwingkreise übereinstimmt. Dazu wurden abwechselnd einzelne Pixel mithilfe einer Indiumverbindung kurzgeschlossen. In einer darauffolgenden Transmissionsmessung konnten die fehlenden Resonanzen den kurzgeschlossenen Resonatoren zugeordnet werden. Nach der mehrfachen Wiederholung dieses Verfahrens konnte auf diese Weise sichergestellt werden, dass die einzelnen Resonanzfrequenzen den erwarteten Positionen im Array entsprechen [DKW+17a].

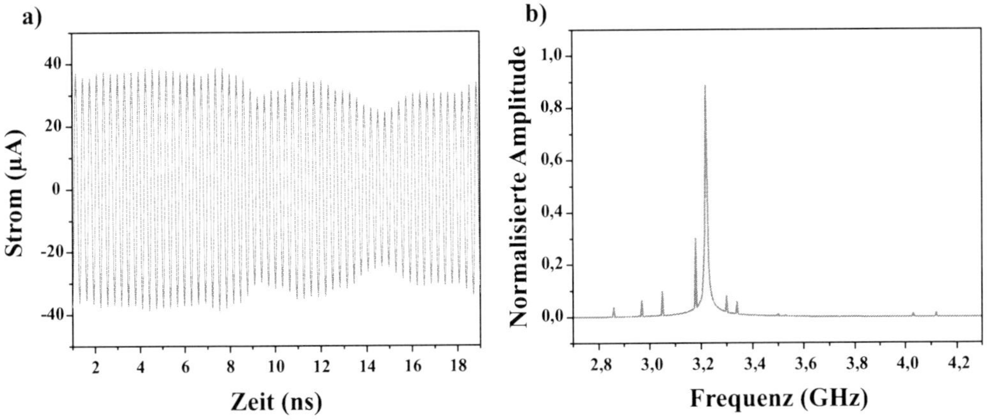

Abbildung 4.17: Simuliertes Biassignal im Nanodraht des fünften Pixels. Links ist das Zeitsignal gezeigt, in dem eine Schwebung erkennbar ist. Rechts ist die Transformation des Zeitsignals in den Frequenzbereich dargestellt.

Für den zeitgleichen Betrieb aller 16 Detektoren im Array werden 16 Biassignale zur individuellen Arbeitspunkteinstellung benötigt. Diese wurden mithilfe des AWGs erzeugt. Der so entstandene Frequenzkamm auf der Durchgangsleitung ist in Abbildung 4.16 anhand einer Simulation verdeutlicht. Im Zeitbereich bildet sich die Überlagerung aus den 16 Biassignalen. Erst durch eine Transformation des Signals in den Frequenzbereich werden die Einzeltöne wieder sichtbar. Die Frequenz- und Amplitudenwerte der Einzeltöne basieren dabei auf den Ergebnissen der zuvor durchgeführten Mikrowellencharakterisierung. Im Betrieb aller Detektoren zeigte sich dennoch eine geringfügige Abweichung zu den zuvor gemessenen kritischen Leistungspegeln. Durch den Schwingkreis wird eine hohe Filterwirkung auf Signale nahe der Resonanzfrequenz erreicht. Dennoch entsteht ein schwaches Übersprechen von Tönen, die der Resonanzfrequenzen benachbarter Pixel genügen. Es bildet sich somit in jedem Detektor eine geringfügige Überlagerung aus mehrere Frequenzen.

Die entstehende Überlagerung der Biassignale ist in Abbildung 4.17 am Beispiel des fünften Pixels in einer Simulation veranschaulicht. Man erkennt im Zeitbereich eine Schwebung des Biassignal, das sich aus den zusätzlich einkoppelnden Signalen ergibt. Bei der Einstellung der Arbeitspunkte müssen daher nicht nur die Signale $f = f_{res}$, sondern auch alle benachbarten Signale berücksichtigt werden. In Abbildung 4.17.b ist der entsprechende Frequenzbereich, des simulierten Biassignals innerhalb des Nanodrahts dargestellt. Erkennbar sind auch die benachbarten Biastöne auf der Durchgangsleitung, die mit zunehmendem Frequenzabstand einen abnehmenden Einfluss zeigen. Dieses Übersprechen kann in einem zukünftigen Entwurf durch die Steigerung der Schwingkreisgüten reduziert werden. Durch eine höhere belastete Güte reduziert sich die belastete Bandbreite und somit der Einfluss von Frequenzen außerhalb der Resonanzfrequenz.

Zur Demonstration des parallelen Betriebs aller Detektoren wurde das Strahlprofil einer Glasfaser vermessen. Diese befindet sich im Aufbau direkt oberhalb des Arrays und beleuchtet die Pixel mit einem Intensitätsprofil nach Abbildung 4.18. Die Pixel auf der rechten Seite liegen in der maximalen Intensität, wobei die Intensität zu den auf der linken Seite positionierten Detektoren graduell abnimmt. Die Größe des Strahlprofils wurde dabei über den Abstand der Faser zur Probe eingestellt und lag im Experiment etwa bei 4 mm Entfernung. Die Wellenlänge des einkoppelnden Lichts wurde während der Messung konstant bei 400 nm gehalten.

Aufgrund der starken Überlagerung der verschiedenen Signale auf der Durchgangsleitung konnte der Zeitbereich nicht mehr zuverlässig ausgewertet werden. Deshalb wurde die Auswertung der mit dem Oszilloskop gemessenen Daten allein im Frequenzbereich durchgeführt. Dazu wurden die gemessenen Zeitbereiche in Pakete von jeweils 100 ns unterteilt und kontinuierlich über einen FFT-Algorithmus in den Frequenzbereich transformiert. Auf diese Weise wird jedoch eine Detektorantwort, die ebenfalls im Bereich von 100 ns liegt, oftmals in zwei unterschiedliche Zeitbereiche aufgeteilt. Je nachdem wie viele Anteile der Detektorantwort im aktuellen Zeitbereich liegen, ergibt sich eine unterschiedliche Amplitudenhöhe in der FFT-Auswertung. Zur Definition eines geeigneten Schwellwerts wurden daher zunächst, ohne Ausleuchtung des Arrays, 1000 Messungen ausgewertet. Der auf diese Weise ermittelte Durchschnittswert der gemessenen Amplitudenhöhen wurde für jeden Detektor nochmals um 20% erhöht und definierte die Schwelle ab wann ein Detektionsereignis erkannt wird. Das Ausleseprinzip ähnelt demnach stark einer konventionellen SNSPD-Auslese und ist in Abbildung 4.19 verdeutlicht. Damit ein Ereignis nicht doppelt gezählt wird, beispielsweise wenn sich die De-

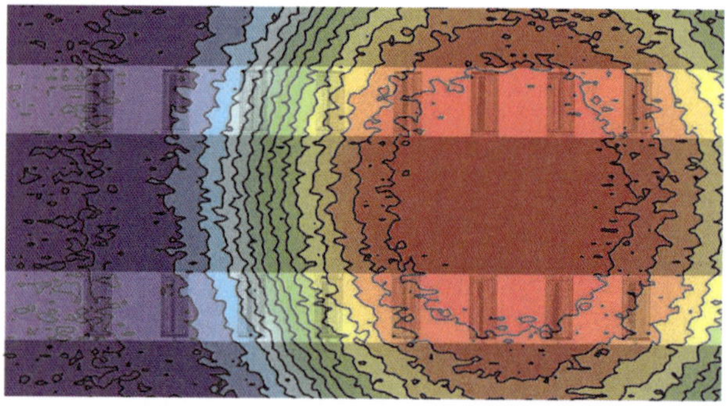

Abbildung 4.18: Intensitätsprofil der auf das 16-Pixel-Array treffenden Strahlungsleistung. Die roten Bereiche stellen die maximale, die blauen Bereiche die minimale Intensität dar [DKW+17a].

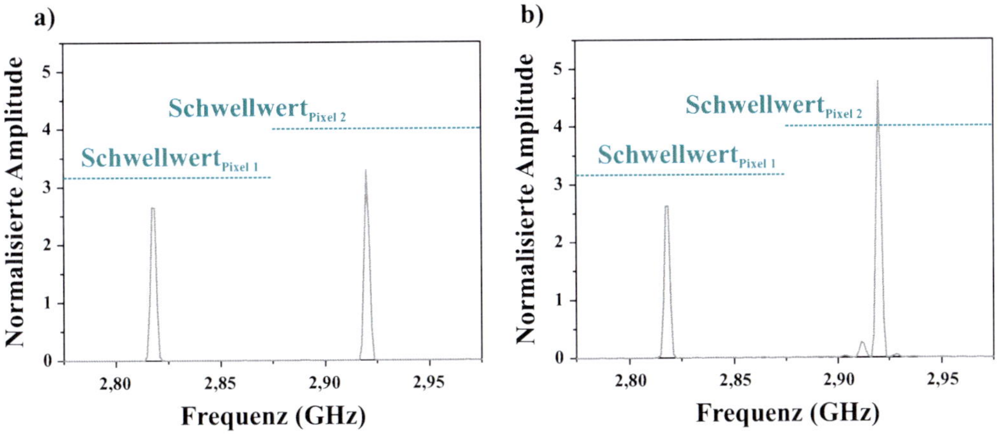

Abbildung 4.19: Darstellung des Auswertungsprinzips aller Einzelpixel des Arrays. Es ist das berechnete Frequenzspektrum im Bereich der ersten beiden Pixel gezeigt. (a) bildet die Situation ab, wenn beide Detektoren im supraleitenden Bereich sind. Die berechneten Signalamplituden liegen somit deutlich unter dem Triggerwert. (b) Veranschaulicht ein Detektionsereignis im zweiten Pixel. Die Signalamplitude ist stark angestiegen und liegt nun über dem Triggerwert.

tektorantwort über zwei Zeitbereiche aufteilt, wurde für jeden Detektor eine zusätzliche Totzeit von 100 ns definiert, in der kein neues Ereignis von der Software registriert wird.

Die so gemessenen Zählraten der Einzelpixel ist in Abbildung 4.20 gegeben. Die Ergebnisse wurden dabei, unter Berücksichtigung der zuvor bestimmten Detektionseffizienzen, auf die maximal gemessene Zählrate normiert. Wie vom Verlauf des Intensitätsprofil erwartet, erkennt man die höchsten Zählraten auf der rechten Seite des Arrays. Nach links nimmt die Zählrate graduell ab, fällt jedoch nicht auf Null ab. Der Grund hierfür liegt im großen Faserspot der Glasfaser, der auch die äußersten Pixel noch mit einer geringen Lichtintensität bestrahlt. Die Messung zeigt somit eindrucksvoll die Funktion aller 16 Pixel des Arrays [DKW+17a].

Das für diese Messung genutzte Ausleseverfahren ist allerdings nicht ideal. Durch die kontinuierliche Berechnung des FFT-Algorithmus entsteht ein erheblicher Rechenaufwand, bei der Rekonstruktion der Detektorinformation. Eine bessere Möglichkeit die Pulse auszuwerten besteht in der Filterung der gemessenen Signale auf die 16 Trägerfrequenzen. Da in der Messung die Anregungsfrequenzen aller Detektoren zu jedem Zeitpunkt bekannt sind, könnten beispielsweise auch Korrelationsfilter [75] verwendet werden. Mit diesen könnte in zukünftigen Messungen aus dem erfassten Gesamtsignal jede Einzelfrequenz rekonstruiert und separat ausgewertet werden. Auf diese Weise wäre mit deutlich weniger Rechenaufwand die Auslese des Arrays bei einer zeitlichen-, räumlichen- und Photonenzahl-Auflösung möglich.

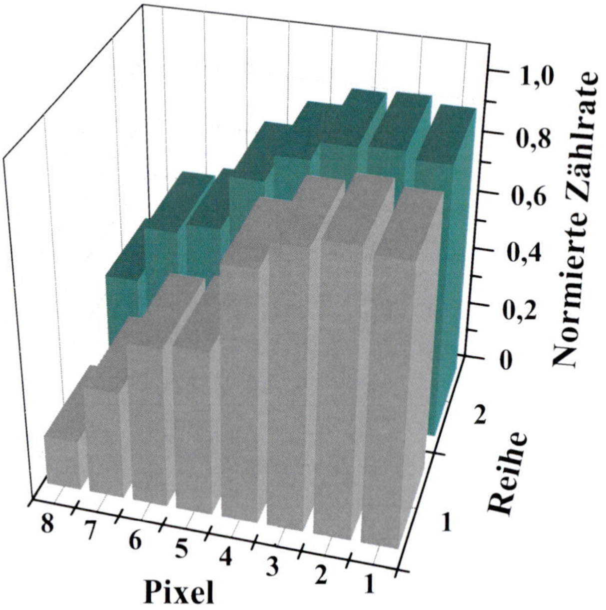

Abbildung 4.20: Balkendiagramm der im Mittel gemessenen Zählraten des 16-Pixel-Arrays. Die Zählraten wurden auf die maximal gemessene Rate normalisiert. Man erkennt die nach links abnehmende Zählrate analog zur abnehmenden Lichtintensität (Vgl. Abbildung 4.18) [DKW+17a].

4.4 Zusammenfassung des demonstrierten SNSPD-Array-Konzepts

In diesem Kapitel wurde ein weiterentwickelter Schwingkreisentwurf des RF-SNSPDs vorgestellt, mit dem es möglich ist, die nichtlineare Induktivität des Nanodrahts zu unterdrücken. Die maximal messbare Verschiebung der Resonanzfrequenz wurde dabei mit 3,7 MHz beziehungsweise 0,1% gemessen. Der Detektorbetrieb wird somit von der Induktivitätsänderung nicht beeinflusst. Anhand der Messung dieser Verschiebung kann aber bereits eine Vorcharakterisierung des Arrays getroffen werden. Es wurde gezeigt, dass eine große messbare Änderung der kinetischen Induktivität für eine gute supraleitende Schichtqualität spricht.

Das neu entwickelte Konzept wurde an einem 16-Pixel-RF-SNSPD-Array demonstriert. Die belasteten Schwingkreisgüten der Einzelpixel wurden dabei um mehr als eine Größenordnung im Vergleich zum ersten RF-SNSPD-Design gesteigert. Die benötigte Bandbreite des 16-Pixel-RF-SNSPD-Arrays beträgt 1,275 GHz und kann für zukünftige Entwürfe auf bis zu 245 MHz reduziert werden. Im Betrieb des Arrays konnte erfolgreich die zeitgleiche Einzelphotonendetektion mit allen 16 Pixeln demonstriert werden. Durch die Zuordnung der Detektionsereignisse anhand ihrer Resonanzfrequenzen ergibt sich sowohl eine zeitliche als auch eine räumliche Auflösung des Arrays. Da die Pixel unabhängig voneinander arbeiten, ergibt sich weiter eine Photonenzahl-Auflösung des Arrays. Das 16-Pixel-Array benötigt für den Betrieb lediglich eine gemeinsame Durchgangsleitung, weshalb ein effizienter Betrieb aller Pixel sicher gestellt wird. Abhängig von der vorhandenen Auslesebandbreite kann diese Pixelzahl sogar noch weiter gesteigert werden, ohne dass dabei zusätzliche Verbindungsleitungen benötigt werden.

5 Universelles Frequenz-Ausleseverfahren von supraleitenden Einzelphotonen-Detektoren

Ein SNSPD bietet die bestmögliche Detektion von Einzelphotonen in einem weiten Wellenlängenbereich mit einer hohen Detektionseffizienz und einer höchstmöglichen zeitlichen Auflösung. In einigen Anwendungen, wie der Astronomie, wird allerdings keine hohe zeitliche Auflösung benötigt. Stattdessen ist es wichtig Intensitätsunterschiede einer gemessenen elektromagnetischen Strahlung genau zu erfassen. Für diesen Zweck eignen sich speziell MKIDs und supraleitende Kantenbolometer. Das MKID zeichnet sich durch eine intrinsische FDM-Lösung aus, weshalb die Systemkomplexität einer Anwendung reduziert wird. Im Vergleich zu den Kantenbolometern zeigen MKIDs jedoch eine geringere Energieauflösung [76]. Weltraumteleskope basierend auf TES sind ebenso seit Jahrzehnten erfolgreich erprobt [77–79]. Für das Jahr 2028 ist beispielsweise das „Advanced Telescope for High Energy Astrophysics" (ATHENA) geplant, welches mit einem TES-Array von 3840 Pixeln ausgestattet werden soll [80]. Damit die Auslese solch großer Detektorarrays beherrschbar bleibt, wird ein elegantes Auslesekonzept benötigt, um sowohl die Komplexität als auch den Wärmeeintrag ins System zu reduzieren.

In diesem Kapitel wird daher eine Möglichkeit beschrieben, wie TES-Arrays mit einem Multifrequenz-Ausleseverfahren betrieben werden können. Dieses Verfahren soll, im Gegensatz zu bisher demonstrierten Ausleseverfahren basierend auf SQUIDs, die Anzahl an Kabelverbindungen in den kryogenen Bereich nicht weiter erhöhen. Der dazu benötigte Multiplexer soll weiter als universeller Stromsensor einsetzbar sein und neben TES auch zur Auslese einer Vielzahl anderer Tieftemperatur-Detektoren verwendet werden können.

5.1 Entwicklung eines Galvanometers zur Wandlung von Detektorsignalen in den Frequenzbereich

Eine Möglichkeit, supraleitende Kantenbolometer in einem FDM-Verfahren zu betreiben, liegt in der Arbeitspunkteinstellung der Detektoren mittels eines Mikrowellenstroms (vgl. Kapitel 2.3.2). Jedes Pixel wird bei einer individuellen Frequenz betrieben, wodurch alle Detektorsignale auf einem gemeinsamen Kanal übertragen werden können. Solch ein Auslesekonzept definiert allerdings die Arbeitspunkte der Bolometer, wonach die Empfindlichkeit der Sensoren negativ beeinflusst wird [81].

Die Idee des Multifrequenz-Ausleseverfahrens dieses Kapitels soll den Betrieb der Detektoren im bestmöglichen Arbeitspunkt erlauben. Um dies zu ermöglichen, soll eine Multiplexschaltung entwickelt werden, die folgende Bedingungen erfüllt:

- Die Schaltung soll als Galvanometer arbeiten und den Absolutbetrag eines Messstroms sensitiv erfassen.
- Die Erfassung von Eingangssignalen soll über eine große Bandbreite bis zu einer Frequenz > 10 MHz möglich sein.
- Abhängig vom Messstrom am Eingang soll das Galvanometer die Frequenz eines Trägersignals modulieren.
- Die Trägerfrequenz soll im GHz-Bereich liegen und eine signifikante Verstärkung zum Eingangspegel aufweisen.

Nachfolgend wird das Konzept beschrieben, wie eine Schaltung bestehend aus einem supraleitenden Schwingkreis diese Anforderungen erfüllen kann.

5.1.1 Neuartiges Konzept eines supraleitenden Galvanometers

Im Gegensatz zu SQUIDs soll mit dem in dieser Arbeit entwickelten Multiplexer nicht nur Stromänderungen, sondern auch absolute Ströme messbar sein. Dadurch wird der Betrieb erleichtert, da das Messergebnis direkt als Ausgangsgröße anliegt und nicht aufwendig rekonstruiert werden muss. Um diese Funktion zu realisieren, wird ein supraleitender Schwingkreis ähnlich eines RF-SNSPDs verwendet. Der Detektor wird aber nicht in den Schwingkreis integriert, sondern lediglich seine Detektorantwort (Stromsignal) wird durch den Resonator geführt.

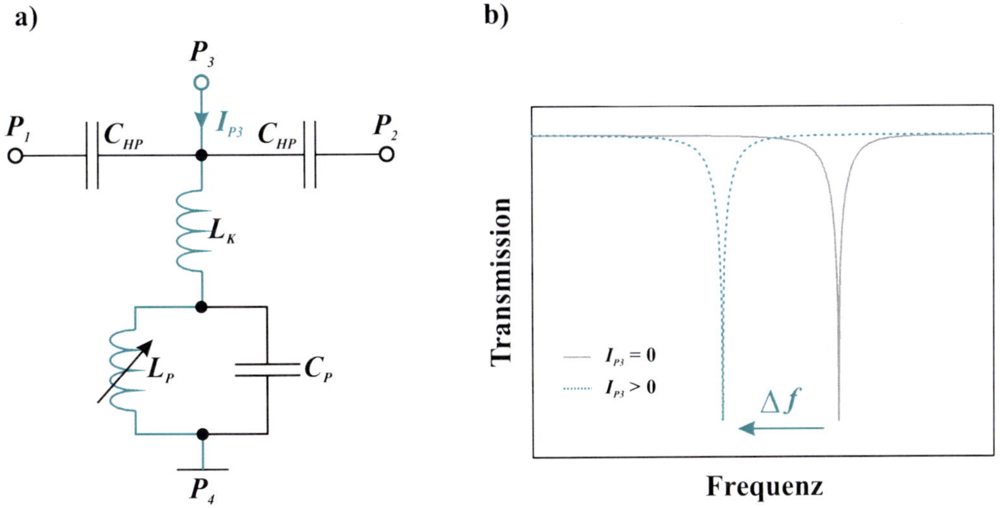

Abbildung 5.1: Schematischer Überblick des MKINGS. (a) zeigt das Ersatzschaltbild, worin der Strompfad eines zu messenden Signals grün eingezeichnet ist. (b) veranschaulicht das Ausleseprinzip des Galvanometers an zwei Transmissionskurven auf der Durchgangsleitung [DKG+18].

Abhängig von der Stromstärke soll sich dann die Induktivität des Schwingkreises ändern und eine Frequenzverschiebung analog eines Kinetic-Inductance Detektors bewirken.

Damit das Galvanometer eine möglichst hohe Empfindlichkeit erreicht, ist die Induktivität des Schwingkreises als Nanodraht ausgeführt. Diese weisen ein starkes nichtlineares Verhalten nahe des kritischen Stroms auf (vgl. Kapitel 4.1.1), wodurch die sensitive Erfassung geringer Ströme ermöglicht wird. Die bisher in dieser Arbeit vorgestellten Resonatoren erlauben jedoch nur die Signaleinkopplung bei Resonanzfrequenz. Eine Kopplung niederfrequenter Signale bis hin zu Gleichströmen ist bei ihnen nicht möglich. Zur Auslese von supraleitenden Kantenbolometern mit Ausgangssignalen im Bereich zwischen 0 Hz und einigen 100 kHz muss daher ein neues Schwingkreisdesign entwickelt werden.

Ein Ansatz, wie die Detektorsignale durch einen Schwingkreis geführt werden können, ist in Abbildung 5.1.a wiedergegeben. Ein aus L_p und C_p bestehender paralleler Schwingkreis ist über eine zusätzliche Induktivität L_k an eine Durchgangsleitung gekoppelt. Durch die induktive Kopplung wird eine galvanische Verbindung zwischen Durchgangsleitung und Massefläche erreicht. Auf diese Weise kann ein niederfrequentes externes Messsignal von Port 3 (P_3) durch den Schwingkreis und zur Masse (Port 4) geführt werden. Die Signalstrecke führt somit über die Induktivitäten L_k und L_p, wobei L_p die kinetische Induktivität eines Nanodrahts repräsentiert. Abhängig von der Stromstärke des externen Signals ändert sich L_p nach Gleichung 4.2 und folglich auch die Resonanzfrequenz des Schwingkreises. Durch zusätzliche Kapazitäten C_{HP} wird sichergestellt, dass ein Detektorsignal nur durch den Resonator geführt wird und nicht über die externe Auslesestrecke. Diese Kapazitäten sind entsprechend dimensioniert, so dass eine ungestörte Übertragung der Signale im Bereich der Schwingkreisresonanz gegeben ist. Die Schaltung wird im weiteren als MKING (engl. Microwave Kinetic-Inductance Nanowire Galvanometer) bezeichnet [DKG+18].

Bis auf die induktive Kopplung ähnelt der Aufbau des Galvanometers stark dem eines RF-SNSPDs. Das Konzept beider Schaltungen unterscheidet sich jedoch grundlegend. Ein RF-SNSPD kennt nur die beiden Zustände An- oder Abwesenheit eines Detektionsereignisses. Um diese Zustände anzuzeigen, wechselt der Nanodraht zwischen dem supraleitenden- und dem normalleitenden Bereich. Das MKING dagegen verbleibt über die gesamte Messperiode im supraleitenden Zustand. Ein externes Signal verändert abhängig von der Stromstärke die Resonanzfrequenz des Schwingkreises, was wiederum sensitiv anhand der Frequenzänderung ausgelesen werden kann. Das Ausleseprinzip ist in Abbildung 5.1.b dargestellt. Ohne ein Signal an Port P_3 wird auf der Durchgangsleitung die Resonanzfrequenz $f_{res,0}$ gemessen (—). Wird ein Strom $I_{P_3} > 0$ eingekoppelt, so verschiebt sich die Resonanz, abhängig von der gewählten Stromstärke, zu niedrigeren Frequenzen (- - -) [DKG+18].

5.1.2 Entwicklung eines Schwingkreises mit verstimmbarer Resonanzfrequenz

Zur Entwicklung der MKING-Schaltung wurde wie auch beim RF-SNSPD die Software Sonnet em [58] verwendet. Dabei wurde ein ähnlicher Aufbau wie beim RF-SNSPD gewählt, damit auch die gleiche Technologie zur Herstellung der Proben verwendet werden kann (vgl. Anhang B). Entsprechend ergibt sich für die Metallisierung der Schaltung eine 5 nm dicke NbN-Schicht, die auf einem Saphirsubstrat aufgebracht ist. Das entwickelte Layout des MKINGs ist in Abbildung 5.2.a gezeigt. Der Schwingkreis ist erneut in den Spalt eines koplanaren Wellenleiters eingebaut, der auf eine Impedanz von 50 Ω angepasst ist. Oberhalb des Resonators ist der Port P_3 zu erkennen, der die obere Massefläche in eine rechte und linke Hälfte teilt. Um die Ausbreitung von Schlitzmoden an dieser Stelle zu verhindern, werden die beiden Masseflächen durch zusätzliche Drahtbrücken miteinander verbunden. Die Zuleitung des Ports P_3 ist sehr induktiv ausgelegt und weist einen großen Impedanzsprung von über 100 Ω zur Durchgangsleitung auf. Der Sprung im Wellenwiderstand verhindert eine unerwünschte Kopplung der Mikrowellenleistung vom Innenleiter zu P_3. Die zusätzlichen Kapazitäten C_{HP} auf der Durchgangsleitung nach Abbildung 5.1 sind in der Vergrößerung nicht gezeigt. Diese sind als planare Fingerkapazitäten mit einer Kapazität von 2,2 pF ausgelegt und benötigen eine Fläche von 250 × 250 μm^2 [Sin18].

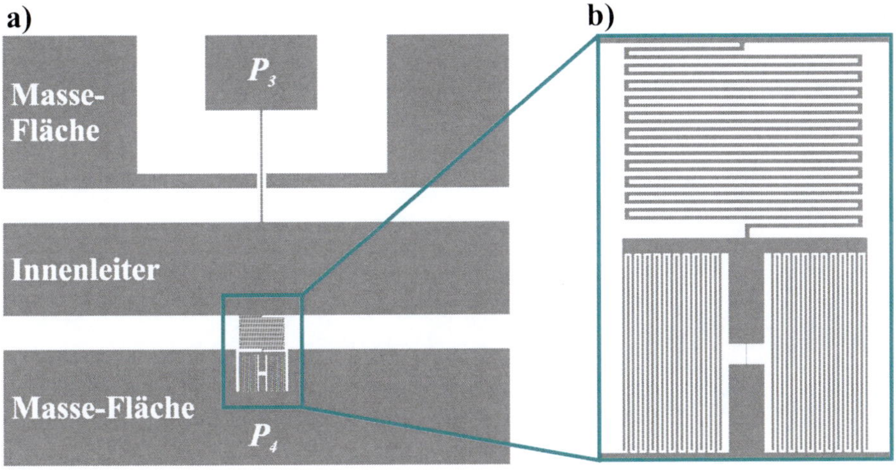

Abbildung 5.2: Schematische Darstellung des MKING-Layouts. (a) gibt den planaren Aufbau der Probe wieder. Der Schwingkreis ist in den Spalt eines koplanaren Wellenleiters eingebettet. Auf der gegenüberliegenden Seite der Durchgangsleitung befindet sich die Zuleitung P_3, über die ein externes Signal in den Schwingkreis gekoppelt werden kann. (b) zeigt eine vergrößerte Aufnahme des Schwingkreises, der die Durchgangsleitung mit der Masse verbindet [Sin18].

In Abbildung 5.2.b ist der eigentliche Schwingkreis vergrößert dargestellt. Dieser wurde auf einer Gesamtfläche von 200×100 µm^2 realisiert. Die Induktivität L_k ist mäandriert über eine Länge von 2,2 mm geführt und weist eine Leiterbreite von 2 µm auf. Sie bildet die Verbindung des Schwingkreises mit der Durchgangsleitung und erreicht mit ihrer Geometrie eine Induktivität von $L_k = 55$ nH. Die Kapazität C_p des Parallelschwingkreises besteht aus zwei parallel geschalteten Fingerkapazitäten. Beide sind identisch mit einer Fingerbreite von 1 µm ausgeführt und befinden sich zur Rechten und Linken des Nanodrahts L_p. Der Nanodraht ist als gerade Linie mit einer Länge von 12 µm bei einer Breite von 100 nm ausgelegt. Durch diese Geometrie wird eine optimale Stromdichteverteilung erreicht und die Wahrscheinlichkeit von Defekten im Nanodraht während der Herstellung reduziert. Da sich der obere und untere Steg in Serie mit dem Nanodraht befindet, wurde dieser mit 5 µm deutlich breiter als der Nanodraht gewählt. Auf diese Weise ist sichergestellt, dass die Parallelinduktivität L_p maßgeblich vom Nanodraht definiert wird. Die Induktivität des Nanodrahts beträgt in der Simulation 6 nH und die Kapazität C_p erreicht 210 fF. Alle Designgrößen, die in der Simulation verwendet wurden, sind auch noch einmal in Tabelle 5.1 aufgeführt.

Die simulierte Transmission des MKINGs ist in Abbildung 5.3 dargestellt. Die graue Kurve zeigt die Simulation ohne einen eingekoppelten Strom. Man erkennt die Resonanz bei einer Frequenz von 4,72 GHz mit einer belasteten Güte von 393. Wird ein zusätzlicher Strom an P_3 eingekoppelt, so ändert sich die kinetische Induktivität L_p und somit die Resonanzfrequenz. Die

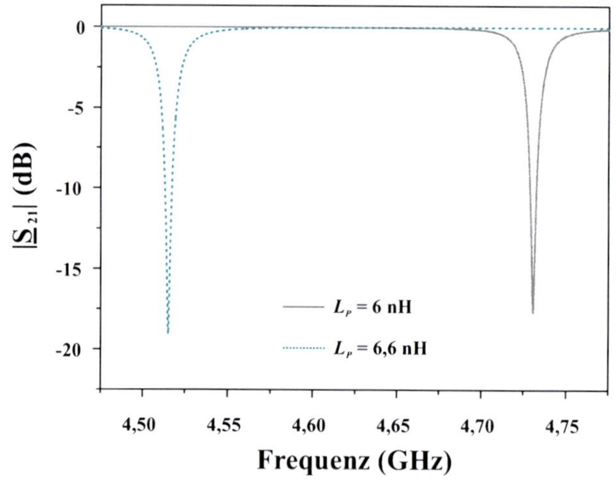

Abbildung 5.3: Simulierte Transmission auf der Durchgangsleitung des MKINGs. Die Simulation wurde für zwei verschiedene Werte der Induktivität L_p durchgeführt.

gestrichelte Kurve in Abbildung 5.3 stellt diesen Fall für eine um 10% gestiegene Induktivität L_p dar. Die Resonanzfrequenz verschiebt sich um 190 MHz zu 4,53 GHz. Dabei bestimmt das Verhältnis von L_k zu L_p wie stark sich die Resonanzfrequenz verschiebt. Dies wird ersichtlich, wenn man die Gleichung für die Resonanzfrequenz des Schwingkreises

$$f_{res} = \frac{1}{2 \cdot \pi \cdot \sqrt{L \cdot C}} \tag{5.1}$$

betrachtet. Dabei ist L die Gesamtinduktivität des Schwingkreises, die sich aus der Parallelschaltung

$$L = \frac{L_k \cdot L_p}{L_k + L_p} \tag{5.2}$$

	MKING
L_k	55 nH
C_p	210 fF
L_p	6 nH
f_{res}	4,72 GHz
Q_L	393

Tabelle 5.1: Übersicht über die in der Simulation verwendeten Bauteilwerte und dabei ermittelten Resonanzeigenschaften des MKING-Designs.

ergibt. Um im Betrieb des Galvanometers eine möglichst große Änderung von L zu erreichen, muss folglich $L_k \gg L_p$ gelten. In diesem Fall wird die Gesamtinduktivität maßgeblich von der Induktivität des Nanodrahts L_p bestimmt.

Um das Mikrowellenverhalten des MKINGs besser charakterisieren zu können, wurde das Frequenzverhalten der Schaltung näher untersucht. Die simulierte Transmission für eine Signalstrecke von Port 3 zu Port 4 ist in Abbildung 5.4.a gezeigt. Man erkennt für Frequenzen $f < 300$ MHz eine Dämpfung von weniger als 3 dB, die auf bis zu 15 dB für eine Frequenz von 1 GHz ansteigt. Entsprechend definiert sich die Eingangsbandbreite an P_3 zu 300 MHz. Im Betrieb des MKINGs stellt neben der Transmission $\underline{S}_{43}$ auch die Transmission $\underline{S}_{31}$ eine entscheidene Rolle dar. Diese beschreibt die unerwünschte Kopplung eines Mikrowellensignals von der Durchgangsleitung zum Port 3 und ist in Abbildung 5.4.b simuliert worden. Für niedrige Frequenzen erkennt man den Einfluss der Kapazität C_{HP}, an der die Signalanteile reflektiert werden. Für Frequenzen größer 750 MHz wirkt die hohe Induktivität der Leitung zwischen Durchgangsleitung und P_3. So wird für Frequenzen $f > 1{,}75$ GHz bereits eine Dämpfung von 10 dB erreicht, die bis zum Arbeitspunkt der Schaltung bei 4,72 GHz auf 17 dB ansteigt. Eine Kopplung der hochfrequenten Signalanteile auf der Durchgangsleitung zu einem an P_3 angeschlossenen Detektor wird somit zuverlässig unterdrückt.

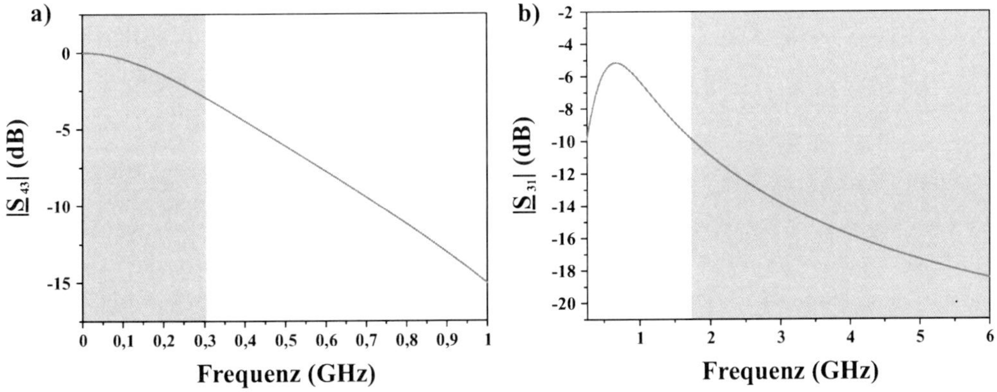

Abbildung 5.4: Transmission der Signalpfade auf dem Galvanometer-Chip. Gezeigt ist die Transmission $|\underline{S}_{43}|$ zwischen der Signaleinkopplung an Port P_3 und der Massefläche (Port 4) sowie die parasitäre Transmission $|\underline{S}_{31}|$ von Port 1 zum Signaleingang Port P_3.

5.2 Sensitivitätsmessung des Galvanometers

Ob sich das Galvanometer zur Auslese von Strahlungsdetektoren eignet, hängt von seiner Sensitivität ab. Ist die minimale Stromauflösung des MKINGs geringer als das Rauschsignal des auszulesenden Detektors, so limitiert es maßgeblich die Systemauflösung. Um diese Stromauflösung zu messen, wurden erste Proben nach dem zuvor entworfenen Layout hergestellt. An diesen wird in diesem Abschnitt die Auflösung des Galvanometers untersucht und mit konventionellen Frequenzmultiplexverfahren basierend auf SQUIDs verglichen. Vor der Diskussion der Messergebnisse, wird jedoch erst der verwendete experimentelle Messaufbau beschrieben.

5.2.1 Messaufbau zur Charakterisierung des Galvanometers

Der Messaufbau zur Charakterisierung der MKINGs zeigt eine starke Ähnlichkeit zum zuvor verwendeten RF-SNSPD Messaufbau und ist in Abbildung 5.5.a wiedergegeben. Mithilfe eines Netzwerkanalysators (E8361C PNA) von Agilent Technologies, Inc. wird die Transmission auf der Durchgangsleitung der Probe gemessen. Die Probe wird dabei in einem Tauchkryostaten auf eine Temperatur von $T = 4{,}2$ K abgekühlt. Im Unterschied zum RF-SNSPD kann der Arbeitspunkt des MKINGs auf zwei Arten eingestellt werden: Zum einen über ein Mikrowellensignal, das der Resonanzfrequenz des Schwingkreises genügt und zum anderen über ein Gleichstromsignal, das an Port 3 eingekoppelt wird. Im Weiteren wurde immer die Arbeitspunkteinstellung mittels Gleichstromsignal gewählt. Damit ein auf der Durchgangsleitung übertragenes Mikrowellensignal diesen Arbeitspunkt nicht beeinflusst, wurden die Signalpegel des NWAs um 52 dB gedämpft. Um trotz dieses geringen Leistungspegels das Auslesesignal sensitiv erfassen zu können, findet bei 4,2 K eine erste Signalverstärkung um 39 dB ($T_n = 6\,K$) statt. Bei Raumtemperatur folgt eine zweite Stufe, die das Signal nochmals um 28 dB ($T_n = 2100$ K) verstärkt und so über den Rauschpegel des NWAs ($T_n = 4{,}57 \cdot 10^7$ K [82]) anhebt. Zwischen beiden Verstärkern befindet sich ein zusätzliches 3 dB Dämpfungsglied, um stehende Wellen zu verhindern.

Eine in das Messinggehäuse eingebaute Probe ist in Abbildung 5.5.b dargestellt. Das Gehäuse ähnelt dabei dem zuvor verwendeten RF-SNSPD Gehäuse. Im Unterschied dazu bietet es aber zusätzlich zu den HF-Verbindungen (Port 1 und Port 2) auch zwei DC-Anschlüsse. Über diese Anschlüsse kann später das zu messende Detektorsignal eingekoppelt werden. Zur Untersuchung der Sensitivität des Galvanometers wird statt eines externen Detektors eine rauscharme batteriebetriebene Gleichstromquelle nach [57] verwendet. Mit der Quelle kann ein definiertes Gleichstromsignal in den Resonator eingekoppelt werden, mit dem die Induktivität des Nanodrahts verstimmt wird. Die DC_+ Leitung ist dabei direkt mit Port P_3 auf dem Chip verbunden und DC_- wird auf der Massefläche des koplanaren Wellenleiters (Port 4) abgegriffen. Diese

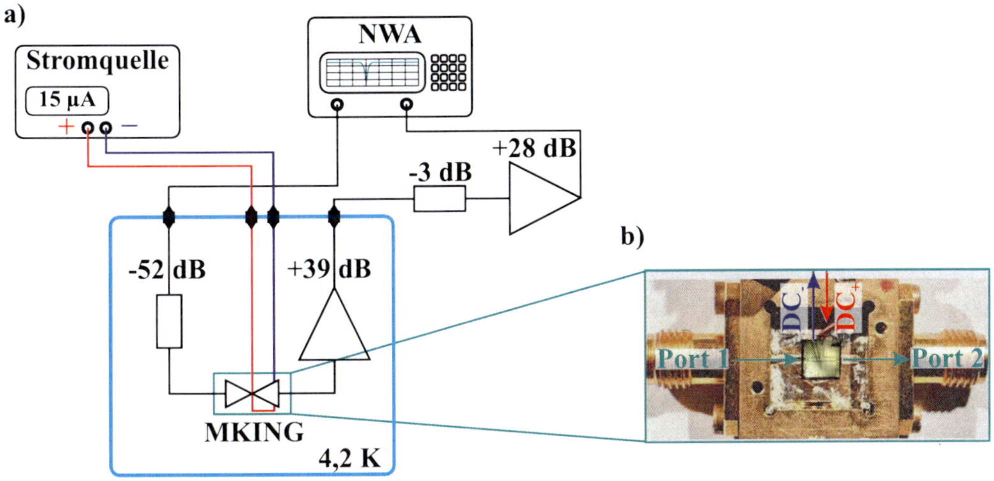

Abbildung 5.5: Graphische Darstellung des experimentellen Messaufbaus. (a) gibt den Aufbau zur Charakterisierung der MKINGs wieder. Die Transmission wird über den NWA kontinuierlich gemessen, wobei die Resonanzfrequenz durch die Stromquelle durchgestimmt werden kann. (b) zeigt eine in das Messinggehäuse eingebaute Probe.

Gleichstrom-Verbindungsleitungen zur Probe weisen noch zwei zusätzliche Tiefpassfilterstufen auf, die nicht in Abbildung 5.5 dargestellt sind. Eine Stufe befindet sich bei Raumtemperatur, die Zweite im kryogenen Arbeitsbereich. Beide Filter sind auf eine Grenzfrequenz von 170 Hz dimensioniert und sollen externe Stör- und Rauscheinträge in den Messaufbau reduzieren.

5.2.2 Untersuchung des optimalen Arbeitspunktes

In diesem Abschnitt wird die Nichtlinearität der Induktivität L_p und der damit einhergehenden Empfindlichkeit des MKINGs untersucht. Eine der dafür hergestellten Proben ist exemplarisch in Abbildung 5.6 dargestellt und zeigt die Rasterelektronenmikroskop-Aufnahme des Schwingkreises, bestehend aus den Induktivitäten L_k, L_p sowie der Kapazität C_p. Die Anordnung nimmt eine Fläche von 100×200 µm^2 ein und verbindet die Durchgangsleitung mit der Massefläche, welche beide nur in Ansätzen gezeigt sind. Vergrößert in einer zweiten Aufnahme ist der Nanodraht veranschaulicht, wobei der Übergang zum Nanodraht eine Verjüngung des Querschnitts von 5 µm auf 100 nm aufweist. Die Leiterbreie reduziert sich somit abgestuft, wodurch eine Stromüberhöhung im Übergang unterdrückt wird.

Die Mikrowellen-Charakterisierung der MKING-Probe ist in Abbildung 5.7 dargestellt. Man erkennt mehrere Transmissionsmessungen der Durchgangsleitung, die jeweils einen anderen Arbeitspunkt des Galvanometers veranschaulichen. Die Arbeitspunkteinstellung erfolgte

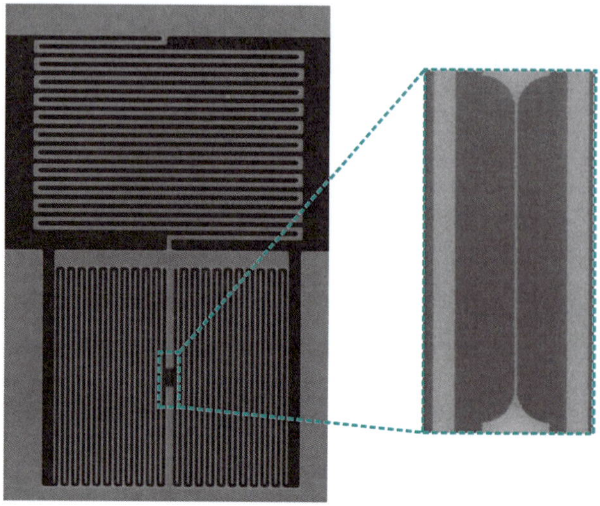

Abbildung 5.6: Rasterelektronenmikroskop-Aufnahme des hergestellten MKINGs. Die hellen Flächen zeigen den NbN-Film. Vergrößert ist der Nanodraht in der Mitte des Schwingkreises dargestellt.

durch ein an Port 3 eingekoppeltes Gleichstromsignal, dessen Stromstärke zwischen 0 und 55 μA variiert wurde. Ohne ein angelegtes Stromsignal kann die Resonanzfrequenz des Schwingkreises bei einer Frequenz von 4,755 GHz gemessen werden. Die belastete Güte erreicht einen Wert von 404 und liegt damit sogar geringfügig über dem in der Simulation erreichten Wert (vgl. Kapitel 5.1.2). Steigert sich die Stromstärke des eingekoppelten Gleichstromsignals, so verschiebt sich die Resonanzfrequenz zu immer kleineren Werten. Die maximale Verschiebung der Resonanzfrequenz ergibt sich nahe am kritischen Strom des Nanodrahts ($I_C = 56,7$ μA) und erreicht einen Wert von 276 MHz. Der Schwingkreis zeigt somit ein ähnliches Verhalten, wie es bereits in [83] für einen Resonator aus NbTiN beobachtet wurde.

Um die Frequenzänderung in Abhängigkeit vom Biasstrom näher zu verdeutlichen, ist in Abbildung 5.8.a noch einmal die relative Änderung der Resonanzfrequenz zur Frequenz $f_{res,0}$ ohne einen angelegten Strom dargestellt. Zur Veranschaulichung des Verlaufs ist über die Messwerte eine Kurve mit exponentieller Steigung gelegt. Wie aus Gleichung 4.2 erwartet, ergibt sich die größte Frequenzänderung nahe am kritischen Strom. Dementsprechend sollte das MKING in diesem Bereich die höchste Empfindlichkeit und somit den besten Arbeitspunkt aufweisen. Allerdings fällt bei der Betrachtung der Ergebnisse in Abbildung 5.7 weiter auf, dass sich die Charakteristik der Resonanz mit steigendem Biasstrom verändert. Je näher sich der Strom an den kritischen Strom annähert, umso kleiner wird der Transmissionseinbruch und die Güte des Schwingkreises. Mit dem Strom steigen also auch die Verluste im Schwingkreis, was in Abbildung 5.8.b verdeutlicht ist. Das Diagramm zeigt die berechneten Oberflächenwiderstände

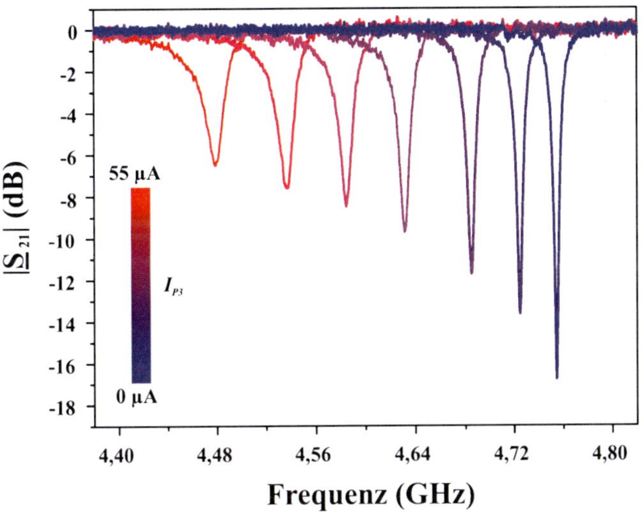

Abbildung 5.7: Transmissionsmessung auf der Durchgangsleitung des MKINGs. Die Messungen wurden für mehrere verschiedene Arbeitspunkte wiederholt. Für die Arbeitspunktvariation wurde der durch den Nanodraht fließende Gleichstrom variiert.

des Schwingkreises nach Gleichung 3.3. Eine Erklärung für die höheren Verluste kann in der steigenden Anzahl an Quasipartikeln im Nanodraht gefunden werden. Durch die höheren Ströme müssen sich die Cooper-Paare immer weiter beschleunigen, um den Stromfluss aufrecht zu erhalten. Weil ihre Energie dadurch ansteigt, erhöht sich auch die Wahrscheinlichkeit, dass Cooper-Paare aufbrechen. Demzufolge steigt die Anzahl an Quasipartikeln im Supraleiter, die für die steigenden Verluste sorgen.

Für den Arbeitspunkt des MKINGs bedeutet dies, dass ein hoher Biasstrom eine große Änderung der kinetischen Induktivität zufolge hat. Entsprechend erzeugt ein externes Signal eine große Änderung der Resonanzfrequenz. Bei einem niedrigeren Biasstrom erreicht der Schwingkreis hingegen eine deutlich höhere Güte. Eine Änderung der Resonanzfrequenz kann folglich sensitiver erfasst werden. Um einen optimalen Kompromiss zu finden, wurde die Empfindlichkeit des Galvanometers in verschiedenen Arbeitspunkten gemessen. Der dazu durchgeführte Messvorgang ist in Abbildung 5.9 verdeutlicht. An Port P_3 wird ein schwaches Sinussignal mit einer Frequenz von 27 Hz und einer Stromamplitude von 400 nA eingekoppelt. Dieses Signal ist von einem zusätzlichen Gleichstrom überlagert, um den entsprechenden Arbeitspunkt des MKINGs einzustellen. Die Resonanzfrequenz ändert sich somit periodisch mit dem externen Sinussignal. Betrachtet man bei einer festen Frequenz $f = f_{res,AP}$ die Transmissionsänderung über der Zeit, so entsteht eine Amplitudenmodulation, wie in Abbildung 5.9.a gezeigt. Bei der negativen Sinuswelle, wenn der minimale Strom durch den Nanodraht fließt, passt die Resonanzfrequenz des Schwingkreises genau zur Abtastfrequenz des NWAs. Mit der ansteigenden

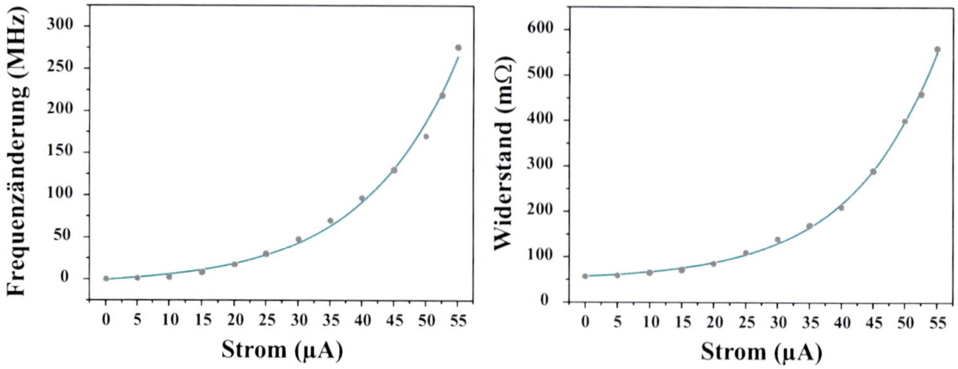

Abbildung 5.8: Darstellung des Gleichstromeinflusses auf den Schwingkreis. Links ist die Änderung der Resonanzfrequenz abhängig vom angelegten Biasstrom gezeigt. Die Frequenzänderung bezieht sich jeweils auf die Resonanzfrequenz ohne einen eingekoppelten Strom. Rechts ist der berechnete Oberflächenwiderstand im Schwingkreis bei jedem Biasstrom angegeben. Den Messpunkten in beiden Graphen wurde zur besseren Anschaulichkeit eine Kurve mit exponentieller Steigung hinterlegt.

Sinuskurve verringert sich die Resonanzfrequenz des Schwingkreises wieder, da sich die kinetische Induktivität immer weiter erhöht. In der Amplitude des Sinussignals wird daher die höchste Transmission auf der Durchgangsleitung gemessen, da $f_{NWA} \neq f_{res}$ gilt. Der gleiche Vorgang ist in Abbildung 5.9.b im Frequenzbereich veranschaulicht. Die graue Kurve zeigt die Resonanz für den Fall der negativen und die orangene Kurve für die positive Amplitude des Sinussignals. Im

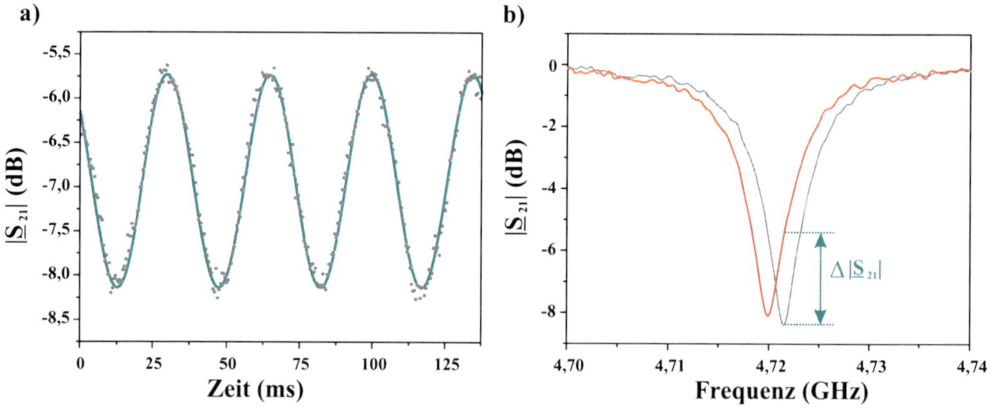

Abbildung 5.9: Exemplarische Empfindlichkeitsmessung des Galvanometers anhand eines externen Stromsignals. (a) zeigt die zeitliche Änderung der Transmission für $f = f_{res}$, wenn an Port P_3 ein zusätzliches niederfrequentes Sinussignal in den Nanodraht eingekoppelt wird. Die Frequenz des externen Signals beträgt 27 Hz und der Stromwert von Spitze zu Spitze beträgt 800 nA. (b) veranschaulicht die Änderung der Resonanzfrequenz des Galvanometers in der positiven und negativen Amplitude des externen Signals [Gra17].

dargestellten Arbeitspunkt ergibt sich dementsprechend eine Transmissionsänderung von 2,5 dB für eine Stromänderung von 800 nA. Um aus diesen gemessenen Werten eine Empfindlichkeit des Galvanometers zu berechnen werden die logarithmischen Größen im Weiteren in lineare Werte umgerechnet. Entsprechend ergibt sich ein Verhältnis zwischen übertragener Amplitude zu gesendeter Amplitude von 0,387 ($-8,25$ dB) bzw. 0,516 ($-5,75$ dB). Die Empfindlichkeit $\mathscr{R}$ ergibt sich sonach zu

$$\mathscr{R} = \frac{\Delta|\underline{S}_{21}|_{lin}}{\Delta I} = \frac{0,516 - 0,387}{800\ nA} = 0,161\ \frac{1}{\mu A} \tag{5.3}$$

Diese Empfindlichkeitsbestimmung wurde für verschiedene Arbeitspunkte zwischen $0,1 \cdot I_C < I_{P3} < 0,8 \cdot I_C$ wiederholt. Die Ergebnisse der Messungen sind in Tabelle 5.2 gegenübergestellt. Man erkennt eine stark ansteigende Empfindlichkeit zwischen $0,1 \cdot I_C < I_{P3} < 0,4 \cdot I_C$, was auf die steigende Nichtlinearität der kinetischen Induktivität zurückzuführen ist (vgl. Abbildung 5.8). Obwohl die Nichtlinearität für höhere Ströme weiter ansteigt, ergibt sich jedoch keine weitere Erhöhung der Empfindlichkeit. Die sich reduzierende Güte des Schwingkreises scheint die Steigerung der Nichtlinearität größtenteils zu kompensieren, weshalb die Empfindlichkeit im Bereich zwischen $0,4 \cdot I_C < I_{P3} < 0,8 \cdot I_C$ annähernd konstant bleibt. Für die nachfolgenden Messungen wurde daher der Strom I_{P3} immer bei 0,5 $\cdot$ I_C gewählt. Ein Arbeitspunkt bei diesem Biasstrom des MKINGs bietet zwei Vorteile: Zum einen wird bereits die maximale Empfindlichkeit der Strommessung erreicht und zum anderen ist ein sehr stabiler Betrieb des MKINGs möglich. Liegt der Arbeitspunkt des Nanodrahts zu nahe am kritischen Strom, so verhält sich dieser analog eines SNSPDs. Demzufolge können sich auch Dunkelzählereignisse ergeben, durch die der Nanodraht in den normalleitenden Zustand wechselt. Die Störanfälligkeit der Strommessung würde sich entsprechend erhöhen und das Ergebnis wäre fehlerbehaftet.

5.2.3 Auflösung des Galvanometers

In einer Anwendung ist die Auflösung des MKINGs durch das Systemrauschen begrenzt (vgl. Kapitel 2.4.2). Der vorhandene Rauschpegel stellt daher eine untere Grenze dar, ab der ein Detektorsignal nicht mehr erfasst werden kann. Zur Definition dieser unteren Grenze wird ein

I_{P3}	$0,1 \cdot I_C$	$0,2 \cdot I_C$	$0,3 \cdot I_C$	$0,4 \cdot I_C$	$0,5 \cdot I_C$	$0,6 \cdot I_C$	$0,7 \cdot I_C$	$0,8 \cdot I_C$
$\mathscr{R}$ $(\frac{1}{\mu A})$	0,0396	0,0892	0,119	0,161	0,161	0,157	0,151	0,155

Tabelle 5.2: Gemessene Empfindlichkeit des MKINGs in Abhängigkeit des gewählten Arbeitspunktes.

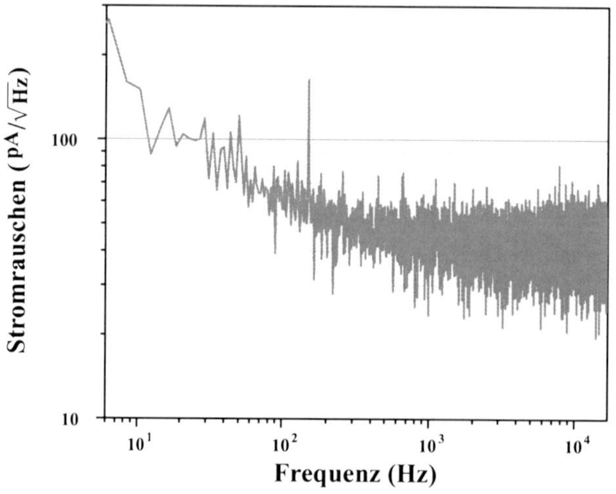

Abbildung 5.10: Gemessenes Rauschleistungsdichte-Spektrum des Galvanometers in einer Bandbreite von 20 kHz [Sin18].

Signal-Rausch-Verhältnis SNR = 1 verwendet. Dies ist erreicht, wenn das Messsignal genau gleich groß wie der Rauschpegel ist. Um nach dieser Definition die minimale Auflösung des Galvanometers zu errechnen, wird die Rauschleistung des Messsystems benötigt. Diese kann mithilfe des NWAs im Arbeitspunkt des Galvanometers bestimmt werden. Im Gegensatz zu den bisherigen Messungen wird allerdings nicht mehr ein Frequenzspektrum gemessen, sondern die Transmissionsänderung bei $f = f_{res}$ über der Zeit aufgenommen. Aus diesen Messpunkten kann dann die spektrale Leistungsdichte (engl. Power-Spectral-Density, PSD) des Rauschsignals berechnet werden [84]. Einfach ausgedrückt unterteilt die PSD das gemessene Signal in seine einzelnen Frequenzbereiche und gibt deren Leistungsanteile an. Im idealen Fall, wenn man nur weißes Rauschen annimmt, ist die Rauschleistung für jede Frequenz gleichverteilt. Im realen Fall ergibt sich aber auch ein Anteil an frequenzabhängigen Rauschgrößen, weshalb das Frequenzspektrum ungleich verteilt ist. Folglich resultieren hieraus Frequenzbereiche, die eine höhere oder niedrigere Rauschleistung zeigen und sich so mehr oder weniger als Arbeitspunkt des Galvanometers eignen.

Aus der Rauschleistungsdichte sowie der Empfindlichkeit des MKINGs, kann nun die Auflösung des Galvanometers bestimmt werden. Die minimale Stromauflösung ergibt sich dabei zu

$$\delta I = \frac{\sqrt{\mathrm{PSD}}}{\mathscr{R}} \tag{5.4}$$

und das Ergebnis zeigt die resultierende Einheit von $\mathrm{A}/\sqrt{\mathrm{Hz}}$. Die Stromauflösung δI gibt somit den minimalen Stromwert an, der in einer definierten Integrationszeit noch aufgelöst werden kann. In Abbildung 5.10 ist die so bestimmte Auflösung des Galvanometers über den gemessenen Frequenzbereich dargestellt. Man erkennt für die niedrigen Frequenzen das frequenzabhängige $1/f$-Rauschen, welches ab 300 Hz nicht mehr zu erkennen ist. Ab dieser Knickfrequenz dominiert das frequenzunabhängige weiße Rauschen, weshalb sich eine konstante Amplitude einstellt. Das mittlere Rauschen für Frequenzen oberhalb 300 Hz wurde dabei mit 40 pA/$\sqrt{\text{Hz}}$ gemessen, was in der Größenordnung von SQUID basierten Frequenzmultiplexern liegt. Diese müssen jedoch auf Temperaturen von weit unter 4 K abgekühlt werden, um diese Auflösung zu erreichen. In [85] wird mit einem SQUID-Multiplexer beispielsweise eine Auflösung von 19 pA/$\sqrt{\text{Hz}}$ erst bei einer Temperatur von $T = 70$ mK erreicht. Entsprechend zeigt das MKING ein enormes Potential die Kühlleistung eines Detektorarrays zu reduzieren.

Um sicherzustellen, dass die gemessene Auflösung des MKINGs nicht bereits durch den verwendeten Messaufbau limitiert wird, wurde dessen Rauschpegel abgeschätzt. Dazu wurde die Rauschtemperatur des Aufbaus nach Gleichung 2.6 bestimmt. Vernachlässigt man dabei wegen der kryogenen Dämpfung von -52 dB ein Rauschen des Eingangssignals, so ergibt sich $T_{n,ges}$ zu 25 K. Mit der bekannten Eingangsleistung von -70 dBm (100 pW) auf der Durchgangsleitung kann das Stromrauschen des Aufbaus dann zu

$$\delta I_{read} = \sqrt{\frac{k_B \cdot T_{n,ges}}{2 \cdot P_g}} \cdot \frac{1}{\mathscr{R}} = 8,16\,\text{pA}/\sqrt{\text{Hz}} \tag{5.5}$$

berechnet werden und ist somit rund fünfmal kleiner als die berechnete Stromauflösung des Galvanometers [KDS+18]. Dabei bezeichnet P_g den Leistungspegel des Mikrowellensignals $f = f_{AP}$ auf der Durchgangsleitung zur Auslese des MKINGs.

Eine Möglichkeit, die Auflösung des Galvanometers weiter zu steigern, liegt in der Erhöhung der Schwingkreisgüte. Ein höherer Wert Q_L bewirkt eine höhere interne Verstärkung des Galvanometers und so eine bessere Empfindlichkeit $\mathscr{R}$. Dies kann unter anderem durch ein weiterentwickeltes Schwingkreis-Layout realisiert werden. Beispielsweise geht eine verringerte Resonanzfrequenz mit einer Reduktion des Oberflächenwiderstands einher, wodurch die interne Güte gesteigert werden kann (vgl. Anhang A.1). In [DKG+18] konnte so die erreichbare Auflösung des MKINGs bei 4,2 K von 40 auf bis zu 10 pA/$\sqrt{\text{Hz}}$ verbessert werden. Allerdings muss dabei auch das Stromrauschen des Aufbaus beachtet werden. Eine Steigerung der Güte reduziert die maximale Mikrowellenleistung auf der Durchgangsleitung. Wird die Leistung im Schwingkreis zu groß, so bewirkt das oszillierende Mikrowellensignal eine periodische Änderung des Arbeitspunktes analog eines RF-SNSPDs (vgl. Kapitel 3.3.2). Sonach muss die Eingangsleistung reduziert werden, was nach Gleichung 5.5 ein höheres Stromrauschen zur Folge hat.

5.3 Demonstration der Auslese von supraleitenden Detektoren mittels MKING

Das im vorherigen Unterkapitel vorgestellte Konzept eines resonanten Galvanometers ermöglicht die sensitive Messung eines Stromsignals und moduliert dieses auf eine definierte Trägerfrequenz im GHz-Bereich. Nachfolgend wird die Verwendung dieser Multiplexschaltung zur Auslese von supraleitenden Detektoren demonstriert. Die hohe Auflösung des Galvanometers wird dabei anhand einer TES-Messung vorgeführt. Neben der sensitiven Messung eines Signals bietet das MKING aber auch sehr kurze Ansprechzeiten und ermöglicht die Erfassung von kurzen Stromimpulsen. Dies wird durch die Wandlung einer SNSPD-Detektorantwort auf die Trägerfrequenz des Galvanometers gezeigt.

5.3.1 Erfassung der Detektorantwort eines supraleitenden Kantenbolometers

Eine Multifrequenz-Auslese von supraleitenden Bolometer-Arrays benötigt eine Multiplexschaltung, mit deren Hilfe die einzelnen Detektorantworten auf definierte Trägerfrequenzen moduliert werden. Neben den etablierten Ansätzen, die auf SQUIDs basieren (vgl. Kapitel 2.3), eignet sich hierzu speziell auch das MKING-Konzept. Dies wird in diesem Unterkapitel durch die sensitive Erfassung und gleichzeitigen Frequenzwandlung der Detektorantwort eines supraleitenden Kantenbolometers vorgeführt. Dieses Kantenbolometer ist an eine Antenne gekoppelt und für die Detektion von THz-Strahlung entworfen. Um die Signaleinkopplung in diesem Frequenzbereich zu ermöglichen, wird ein anderer Messaufbau als bisher gezeigt benötigt. Es kommt ein Badkryostat der Firma TransMIT zum Einsatz, der die Einkopplung von THz-Strahlung durch ein optisches Fenster ermöglicht. Das Bolometer sowie das MKING befinden sich entsprechend auf der Kaltplatte des Kryostaten und werden auf eine Betriebstemperatur von 4,2 K abgekühlt. Ein zusätzlicher Heizer ermöglicht die Variation der Arbeitstemperatur, um das Bolometer im optimalen Arbeitspunkt zu betreiben.

Das Prinzip des Aufbaus ist in Abbildung 5.11 wiedergegeben. Eine rauscharme Stromquelle erzeugt den Biasstrom I_B, der über einem Widerstand R_{Shunt} für einen konstanten Spannungsabfall sorgt. Parallel zu diesem Shunt-Widerstand liegt das Kantenbolometer und in Serie dazu das MKING. Dementsprechend ergibt sich ein temperaturabhängiger Widerstand des Bolometers und ein bei 4,2 K vernachlässigbarer Widerstand des MKINGs. Das Kantenbolometer

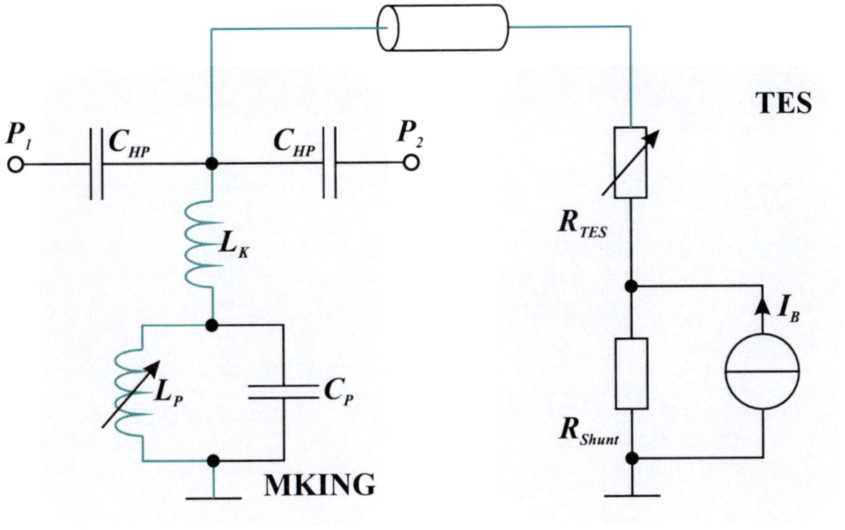

Abbildung 5.11: Schematische Darstellung des Aufbaus zur Auslese eines supraleitenden Kantenbolometers mittels MKING. Der Arbeitspunkt wird durch eine konstante Spannung eingestellt, die am Widerstand R_{Shunt} abfällt. Parallel zu diesem Widerstand befindet sich das Bolometer sowie in Serie das MKING. Beide Proben befinden sich dabei in unterschiedlichen Gehäusen und sind über ein Koaxialkabel miteinander verbunden.

sowie das Galvanometer sind dabei in unterschiedlichen Gehäusen eingebaut und über eine kurze Verbindungsleitung miteinander verbunden, deren Widerstand ebenfalls vernachlässigt werden kann. Ändert sich nun durch eine absorbierte Strahlung der Widerstand des Bolometers, so ändert sich der Strom im Serienpfad nach dem Ohmschen Gesetzt zu $I = U_{Shunt}/R_{TES}$. Ausgelesen wird diese Stromänderung anhand der geänderten Resonanzfrequenz des Galvanometers.

Eine Aufnahme des verwendeten Kantenbolometers ist in Abbildung 5.12 gezeigt. Dieser wurde im Rahmen einer anderen Arbeit am IMS hergestellt. Er besteht aus dem Bolometer, der in eine logarithmische Spiralantenne eingebettet ist. Die Antenne bietet eine optimale Anpassung für Frequenzen im Bereich zwischen 1-6 THz. Eine in der Antenne absorbierte Strahlung trifft im Fußpunkt auf den Bolometer, das sich abhängig von der Strahlungsintensität erwärmt. Die Antenne ist dabei aus einer 200 nm dicken Goldschicht gefertigt, die bei den hohen Frequenzen deutlich geringere Verluste als ein supraleitendes Material zeigt. Das Kantenbolometer besteht aus einer 5 nm dicken NbN-Schicht und verbindet die beiden Antennenkontakte auf einer Länge von 200 nm und bei einer Breite von 700 nm (vgl. Abbildung 5.12.c). Durch die Wahl dieser Geometrie ergibt sich im Arbeitspunkt des Bolometers eine gute Anpassung zwischen seinem temperaturabhängigen Widerstand und der Antennenimpedanz von 70 Ω. Zur Messung wurde das Kantenbolometer in ein Gehäuse wie in Abbildung 5.12.d dargestellt eingebaut. Eine

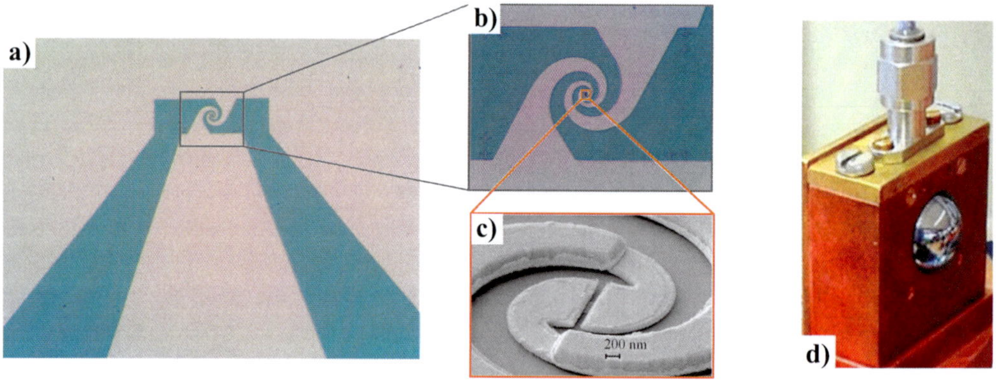

Abbildung 5.12: Überblick über das verwendete Kantenbolometer. (a) zeigt eine optische Mikroskopaufnahme der Probe mit der logarithmischen Spiralantenne in der Mitte sowie den Zuleitungen. (b) stellt eine vergrößerte Aufnahme der Antenne dar. (c) zeigt eine Aufnahme der Antenne mit dem Rasterelektronenmikroskop. Im Fußpunkt der Antenne erkennt man den Bolometer. (d) bildet das Gehäuse mit der Siliziumlinse, in der das Kantenbolometer für die Messung eingebaut ist, ab [KDS+18].

Siliziumlinse sorgt dabei für die optimale Fokussierung der externen Strahlung auf die Antenne des Bolometers [KDS+18].

Eine Charakterisierung des Kantenbolometers ist in Abbildung 5.13.a in einer Widerstandsmessung über der Temperatur gezeigt. Man erkennt die Sprungtemperatur des Bolometers bei 9,4 K sowie einen normalleitenden Widerstand vor dem Sprung von 114 Ω. Ein wichtiger

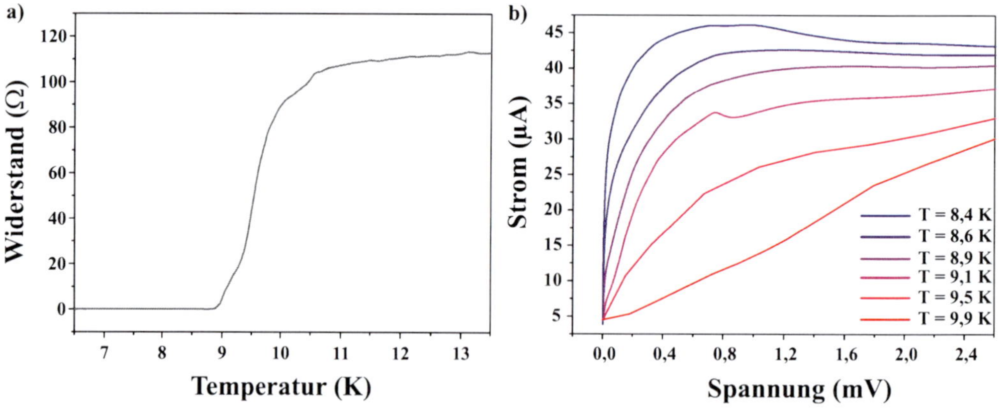

Abbildung 5.13: Charakterisierung des Kantenbolometers. Links ist die Widerstands- über Temperaturmessung gezeigt. Die Sprungtemperatur ist bei 9,4 K zu erkennen. Rechts sind mehrere Strom- über Spannungsmessungen des Bolometers bei verschiedenen Temperaturen gezeigt [KDS+18].

Parameter für den späteren Betrieb als Bolometer stellt die Steilheit α der Kurve dar. Diese berechnet sich nach [86] zu

$$\alpha = \frac{T}{R} \cdot \frac{dR}{dT} \tag{5.6}$$

und erreicht an der steilsten Stelle des Übergangs einen Wert von 40. Ein ebenso wichtiger Wert stellt die thermische Leitfähigkeit G zwischen dem Kantenbolometer und dem verwendeten Siliziumsubstrat dar. Diese kann aus den in Abbildung 5.13.a gezeigten Strom- über Spannungsmessungen des Bolometers nach der „isotherm"-Methode [87] ermittelt werden und erreicht einen durchschnittlichen Wert von $G = 25$ nW/K. Mit diesen beiden Werten kann die Schleifenverstärkung G_{Loop} für die negative Rückkopplung der spannungsgesteuerten Arbeitspunkteinstellung berechnet werden. Diese ergibt sich nach [88] zu

$$G_{Loop} = \frac{P_{AP} \cdot \alpha}{G \cdot T_{AP}} \tag{5.7}$$

wobei sich die Leistung im Arbeitspunkt P_{AP} aus der Biasspannung U_B und dem durch das Bolometer fliesenden Strom bei der Arbeitstemperatur T_{AP} ergibt. Für einen Arbeitspunkt bei T = 9,4 K und einer Biasspannung von 1 mV ergibt sich so eine Verstärkung von 4,26. Mit dieser Schleifenverstärkung der Rückkopplung kann nun die Empfindlichkeit des Bolometers auf eine absorbierte Strahlung nach

$$\mathscr{R}_{TES} = \frac{G_{Loop}}{1 + G_{Loop}} \cdot \frac{1}{U_B} = 810\, A/W \tag{5.8}$$

berechnet werden [KDS+18].

Um die Auflösung des Detektors im Arbeitspunkt abschätzen zu können, wird der zu erwartende Rauschpegel benötigt. Das Rauschen entsteht hauptsächlich als Phononenrauschen im Kantenbolometer und kann nach [45] zu einer äquivalenten Rauschleistung von $P_{phon} = 10^{-14}$ W/$\sqrt{\text{Hz}}$ abgeschätzt werden. Mit der zuvor berechneten Empfindlichkeit des Bolometers ergibt sich die theoretische Auflösung des Detektors dann zu

$$\delta I = \mathscr{R}_{TES} \cdot P_{phon} \tag{5.9}$$

und erreicht 8,1 pA/$\sqrt{\text{Hz}}$. Demnach liegt der Wert zwar etwas niedriger aber noch im Bereich der minimalen Auflösung des MKINGs [KDS+18].

Die gemessene Detektorantwort des Bolometers auf eine absorbierte THz-Strahlung ist in Abbildung 5.14 dargestellt. Dabei wurde eine externe Strahlung von $f = 0,65$ THz gemessen, die über eine Schwingblende mit einer Frequenz von 20 Hz moduliert wurde. Durch die Modulation der Strahlung wird der Strom durch das Kantenbolometer und entsprechend die

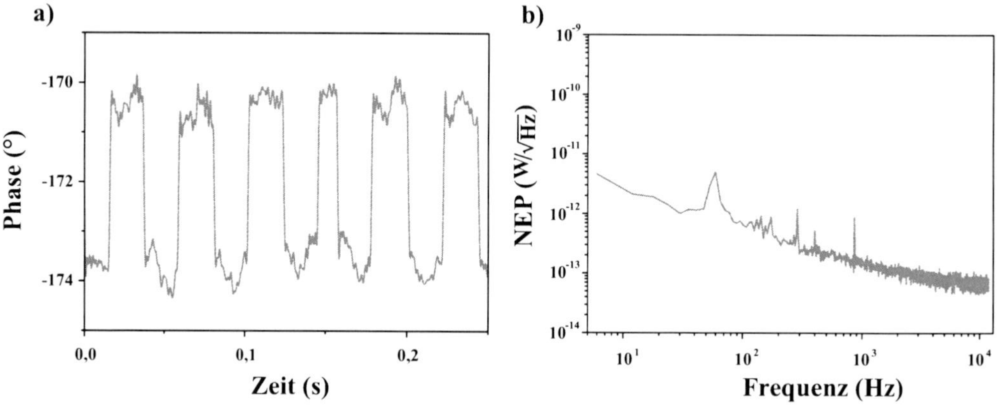

Abbildung 5.14: Optische Sensitivität des Systemaufbaus bestehend aus Kantenbolometer und MKING. (a) zeigt die Phasenänderung eines auf der Durchgangsleitung übertragenen Signals im Arbeitspunkt bei $f = f_{AP,MKING}$. Die Phasenänderung entsteht durch eine absorbierte Strahlung im Bolometer, die mit einer Frequenz von 20 Hz moduliert wurde. In der gezeigten Transmissionskurve ergibt sich so eine periodische Phasenänderung von 3,5°. (b) stellt das Rauschleistungsdichte-Spektrum der Gesamtanordnung dar. Es wird eine Auflösung von bis zu $6 \cdot 10^{-14}$ W/$\sqrt{\text{Hz}}$ erreicht [KDS⁺18].

Resonanzfrequenz des MKINGs variiert. Dies ist in Abbildung 5.14.a anhand einer Transmissionsmessung des übertragenen Signals auf der Durchgangsleitung ($\underline{S}_{21}$) bei $f = f_{AP,MKING}$ dargestellt. Im Unterschied zu bisher gezeigten Transmissionsmessungen ist nicht die Amplitude des übertragenen Signals, sondern die Phasenänderung über der Zeit dargestellt (vgl. Anhang A.4). Durch eine vorherige Kalibrierung des Galvanometers (vgl. Kapitel 5.2.2) berechnet sich die periodische Phasenänderung von 3,5 ° zu einer Stromänderung von circa 130 nA. Diese Stromänderung kann nun in Gleichung 5.9 eingesetzt werden und es ergibt sich eine periodische Änderung der absorbierten Strahlung von 160 pW. Die entsprechende optische Empfindlichkeit des Systems liegt somit bei $\mathscr{R}_{opt} = 2,2 \cdot 10^{10}$ °/W [KDS⁺18].

Das gemessene Rauschleistungsdichte-Spektrum des experimentellen Aufbaus ist in Abbildung 5.14.b gezeigt. Es ist ein sehr großer Beitrag des $1/f$-Rauschens zu erkennen, dessen Ursprung im verwendeten Messaufbau zu finden ist. Ebenso ist eine starke Amplitude des 50 Hz-Signals erkennbar, das vom Stromnetz einkoppelt. Durch eine bessere Filterung des Aufbaus und der Entkopplung der Messgeräte vom 50 Hz-Stromnetz können diese Effekte in zukünftigen Messungen reduziert werden. Bei höheren Frequenzen geht die Auflösung des Galvanometers in eine Sättigung über und erreicht einen Wert von $6 \cdot 10^{-14}$ W/$\sqrt{\text{Hz}}$. Dieser Wert liegt in der Größenordnung der zuvor bestimmten theoretisch erreichbaren Auflösung von $1 \cdot 10^{-14}$ W/$\sqrt{\text{Hz}}$. Die Abweichung zu dieser maximal erreichbaren Auflösung erklärt sich durch das verwendete MKING, dessen Stromauflösung nur bei 40 pA/$\sqrt{\text{Hz}}$ liegt. Dieser Wert ist geringfügig größer als der Rauschpegel des Kantenbolometers, der auf 8,1 pA/$\sqrt{\text{Hz}}$ berechnet wurde [KDS⁺18].

Im Vergleich der Messmethode zwischen MKING und SQUID zeigt sich ein sehr großer Vorteil des Galvanometers in der direkten Strommessung. Es ist keine Wandlung des Bolometer-Signals in ein Magnetfeld notwendig, weshalb der aufwendige gradiometrische Aufbau entfällt. Das MKING ermöglicht zu jedem Zeitpunkt eine direkte Messung der Stromstärke, weshalb auch keine Rückkopplung wie bei SQUIDs notwendig ist. Somit reduziert sich die Systemkomplexität deutlich, wobei die demonstrierte Auflösung in der Größenordnung von SQUID basierten Frequenzmultiplexern liegt [85, 89].

5.3.2 Messung von SNSPD-Pulsen im Frequenzbereich

Um die kurzen Ansprechzeiten des MKINGs nachzuweisen, wird nachfolgend die erfolgreiche Signalwandlung eines SNSPD-Pulses auf die MKING-Trägerfrequenz demonstriert. Sowohl das MKING, als auch der SNSPD sind dabei in getrennten Gehäusen in den Tauchkryostaten eingebaut und werden auf eine Temperatur von 4,2 K gekühlt. Der verwendete Messaufbau ist in Abbildung 5.15 wiedergegeben. Grün markiert ist der Gleichstrompfad, über den der Arbeitspunkt des SNSPDs eingestellt wird. Im Vergleich zu den zuvor beschriebenen RF-SNSPDs handelt es sich hierbei um einen konventionellen DC-SNSPD. Der Arbeitspunkt des SNSPDs wurde bei $I_B = 0,9 \cdot I_C$ gewählt, was einem Strom von 18 μA entspricht. Dieser Biasstrom wird über den induktiven Zweig eines Bias Tees in den Detektor eingekoppelt. Die Detektorantwort würde normalerweise am kapazitiven Zweig des Bias Tees ausgelesen werden. Für die MKING-Messungen ist dieser hingegen mit einem 50 Ω Widerstand reflexionsfrei abgeschlossen. Im gewählten Aufbau ist das Galvanometer direkt in Reihe zum SNSPD geschaltet. Diese Konfiguration bietet den Vorteil, dass der Biasstrom des SNSPDs auch zur Arbeitspunkteinstellung des MKINGs genutzt werden kann. Um zu vermeiden, dass ein hochfrequentes Signal von Port 1 über Port 3 in den SNSPD gelangt, wurde eine zusätzliche Induktivität $L_{TP} = 680$ nH in die Schaltung integriert [DKG⁺18].

Die Messung der Detektorantworten folgt somit einem ähnlichen Prinzip wie bei der Messung des Kantenbolometers. Der durch den SNSPD fliesende Biasstrom verstimmt die Resonanzfrequenz des Galvanometers und bringt dieses in einen sensitiven Arbeitspunkt. Wird vom Detektor ein Photon absorbiert, so entsteht ein normalleitender Bereich im Nanodraht. Die einsetzende Stromumverteilung erzeugt einen positiven Puls in Richtung des Bias Tees, der vom 50 Ω Widerstand terminiert wird. Zur Seite des MKINGs entsteht ein negativer Puls, der dessen Resonanzfrequenz moduliert. Der SNSPD kann auf diese Weise als Schalter betrachtet werden, der kurzzeitig den Biasstrom vom MKING trennt. Die Zeitdauer für die entstehenden Pulse ist wie im Betrieb eines konventionellen SNSPDs sowohl von der Induktivität im Detektorpfad, als auch vom Widerstand der Auslesestrecke definiert (vgl. Kapitel 2.2.2).

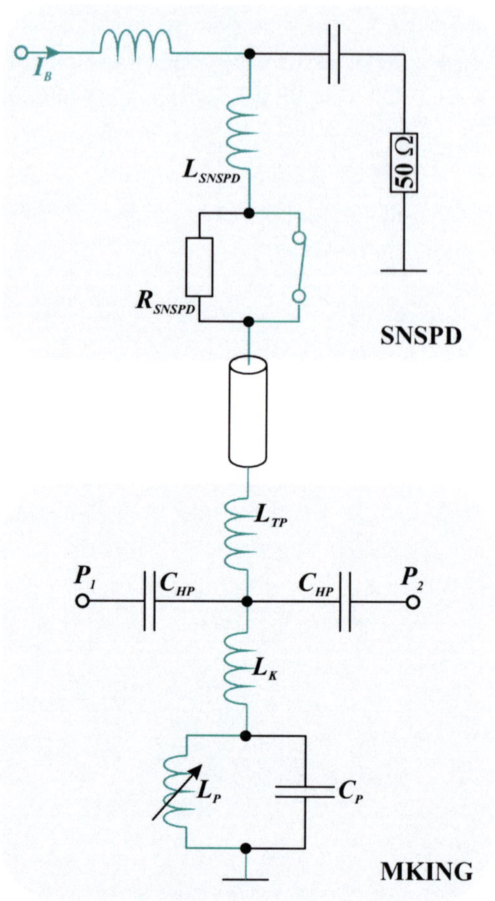

Abbildung 5.15: Schematische Darstellung des Aufbaus zur Auslese eines SNSPDs mittels MKING. Der SNSPD ist mit einem Bias Tee verbunden, über das der Strom zur Arbeitspunkteinstellung eingekoppelt wird. Der kapazitive Zweig des Bias Tees ist mit 50 Ω abgeschlossen. Der Biasstrom wird nach dem SNSPD über ein Koaxialkabel durch das MKING geführt. Zusätzliche Kapazitäten auf der Durchgangsleitung verhindern Leckströme in den HF-Pfad [DKG⁺18].

Im Vergleich zu konventionellen SNSPD-Beschaltungen befindet sich hier noch die Induktivität der Ausleseschaltung in Serie zum Detektor, weshalb die Abklingzeit des Pulses um $\tau = (L_{kin,SNSPD} + L_{kin,MKING} + L_{TP})/R_L$ verlängert wird. Der Einfluss der Schaltung auf die Anstiegszeit der SNSPD-Pulse ist hingegen vernachlässigbar. Die Anstiegszeit des SNSPD-Pulses ist maßgeblich vom Verlauf der Widerstandsänderung im Nanodraht definiert [DKG⁺18].

Die nach diesem Konzept durchgeführte Wandlung der SNSPD-Detektorantwort auf ein erkanntes Einzelphoton, ist in Abbildung 5.16 dargestellt. Es ist die Transmissionsänderung auf der Durchgangsleitung des MKINGs ($|\underline{S}_{21}|$) über der Zeit wiedergegeben. Da mit dem Netz-

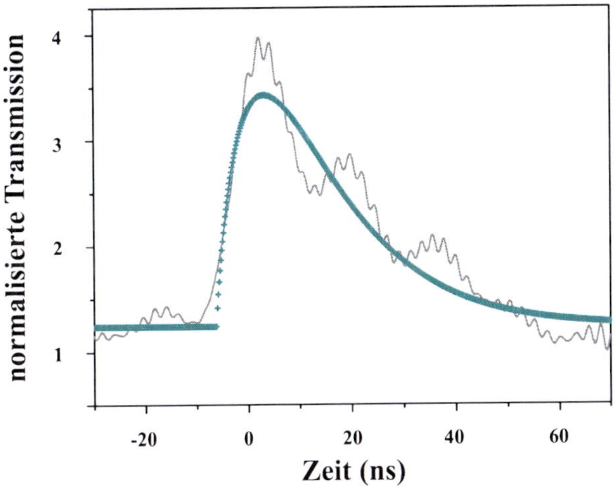

Abbildung 5.16: Transmissionsmessung des Galvanometers im Arbeitspunkt über der Zeit. Für die Zeit $t > 0$ erkennt man die Detektorantwort des SNSPDs, welche die Trägerfrequenz des MKINGs moduliert [DKG+18].

werkanalysator die schnelle Änderung der Transmission nicht zu erfassen ist, wurde für die Messung der Signalgenerator sowie das Oszilloskop nach dem Aufbau aus Kapitel 3.2.1 verwendet. So wurde auf der Durchgangsleitung ein Signal der Frequenz $f = f_{res,MKING}$ übertragen und die Transmission kontinuierlich mit dem Oszilloskop gemessen. Um das Ergebnis von unerwünschten Frequenzanteilen zu bereinigen, wurden die Messergebnisse nachträglich auf einen Frequenzbereich von +/- 50 MHz der Resonanzfrequenz gefiltert [DKG+18].

Für den Zeitbereich $t > 0$ ns erkennt man den sprunghaften Anstieg der Transmission, aufgrund eines detektierten Einzelphotons. Der Strom im Galvanometer sinkt abrupt ab, was eine große Verschiebung der Resonanzfrequenz zur Folge hat. Das vom Generator eingekoppelte Signal auf der Durchgangsleitung wird nun nicht mehr vom Schwingkreis gedämpft und kann entsprechend ungehindert zu Port 2 übertragen werden. Nachdem der supraleitende Zustand im SNSPD wiederhergestellt ist, steigt der Biasstrom wieder an. Entsprechend stellt sich die ursprüngliche Resonanzfrequenz des MKINGs ein, was auf der Durchgangsleitung an der abfallenden Transmission zu erkennen ist. Die gemessene Anstiegszeit des Pulses von weniger als 10 ns in Abbildung 5.16 demonstriert dabei die kurze Ansprechzeit des Galvanometers. Schnellen Signaländerungen von bis zu 100 MHz kann das MKING problemlos folgen. Ebenso wird ein sehr hoher Dynamikbereich der Eingangsströme erreicht. Diese reichen von wenigen pA, wie bei den vorherigen Bolometer-Messungen gezeigt, bis zu mehreren µA bei der Wandlung von SNSPD-Signalen [DKG+18].

5.4 Erweiterung des MKING-Konzepts zu Multipixel-Anwendungen

Nach der erfolgreichen Demonstration des einzelnen Galvanometers soll in diesem Unterkapitel das Konzept zu einem Multipixel-Ansatz erweitert werden. Es wird auf den Aufbau eines solchen Multiplexer-Arrays eingegangen, das geeignet ist die Antworten mehrerer supraleitender Detektoren parallel zu konditionieren. Ein besonderer Schwerpunkt wird dabei auf die Signaltrennung der Detektorantworten gelegt, um ein unerwünschtes Übersprechen einzelner Pixel zu verhindern. Abschließend wird das Konzept an einer 2-Pixel-Probe demonstriert, die sich beliebig zu höheren Pixelzahlen skalieren lässt.

5.4.1 Aufbau eines MKING-Arrays

Im Betrieb mehrerer MKINGs zur Auslese eines Detektorarrays ist eine wirkungsvolle Signaltrennung von enormer Wichtigkeit. Sprechen einzelne Detektorsignale in benachbarte MKINGs über, so kann die Information des Arrays nicht mehr fehlerfrei im Empfänger rekonstruiert werden. Die schwächste Stelle zeigt sich dabei im Aufbau des Galvanometers bei der Einkopplung der externen Signale (P_3) in den Schwingkreis. Werden mehrere MKINGs parallel an einer Durchgangsleitung betrieben, so ergibt sich eine galvanische Verbindung jeder Einkoppelstelle zu jedem Schwingkreis. Eine Unterscheidung, welche Signalanteile zu welcher Frequenzmodulation geführt haben, ist dann nicht mehr möglich.

Eine wirkungsvolle Lösung dieses Problems stellt eine kapazitive Trennung auf der Durchgangsleitung dar, wie sie in Abbildung 5.17 gezeigt ist. Mehrere MKINGs sind induktiv an eine gemeinsame Durchgangsleitung angekoppelt. Jedes Galvanometer besitzt dabei eine eigene Zuleitung, über die externe Detektorsignale in den Schwingkreis eingekoppelt werden können. Damit diese externen Signale nicht in andere Pixel einkoppeln, befindet sich eine kapazitive Trennung auf der Durchgangsleitung. Diese Kapazitäten C_{HP} sind alle gleich groß und wirken als Hochpass. Sie sind so dimensioniert, dass die Signale im Bereich der einzelnen Resonanzfrequenzen ($f > 2$ GHz) ungehindert übertragen werden. Für die Frequenzen der externen Signale ($f < 100$ MHz) weisen sie allerdings einen sehr hohen Blindwiderstand auf. Dieser Ansatz bietet eine bestmögliche Trennung der Signale, kann jedoch nur für kleinere Pixelzahlen realisiert werden. Steigt die Anzahl an Galvanometern an einer Durchgangsleitung, so stößt der Ansatz schnell an seine Grenzen. Betrachtet man nur die Durchgangsleitung, so befinden sich alle Kapazitäten in Reihe zueinander. Die effektive Gesamtkapazität reduziert sich somit mit jeder zusätzlichen Kapazität in der Durchgangsleitung. Damit eine ungestörte Ausbreitung im

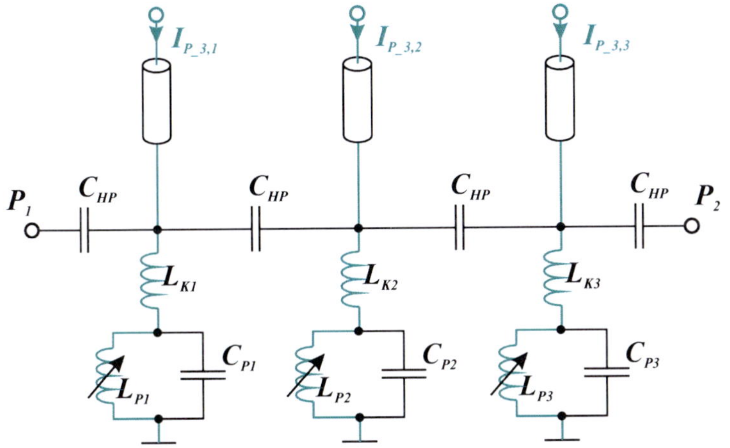

Abbildung 5.17: Schematischer Aufbau eines Multipixel-MKING-Arrays. Mehrere Galvanometer sind an eine gemeinsame Durchgangsleitung angekoppelt, über die sie alle parallel ausgelesen werden. Um einen Leckstrom in den HF-Pfad zu verhindern, ist die Durchgangsleitung nach jedem MKING kapazitiv unterbrochen.

Bereich der MKING-Resonanzen gewährleistet ist, müssten die einzelnen Kapazitäten C_{HP} sehr groß werden oder sehr weit voneinander entfernt liegen. Beide Varianten sind für ein großes Array nicht ideal, da eine sehr große Fläche benötigt wird. Eine andere Variante, die Signale auf der Durchgangsleitung zu trennen, stellt die Verwendung von Widerständen R_{HP} anstelle der Kapazitäten dar (Vergleich Abbildung 5.19). Diese resistive Trennung bewirkt an jeder Stelle auf der Durchgangsleitung eine Stromteilung. Dabei führt ein Pfad durch den Schwingkreis zur Masse, der im Gleichstromfall einen Widerstand gegen Null zeigt. Der andere Weg führt über die Durchgangsleitung, welche den Widerstand R_{HP} aufweist. Folglich genügen sehr kleine Widerstände $R_{HP} < 100\ \text{m}\Omega$, um eine effektive Stromführung der externen Detektorsignale zu erreichen. Im Verhältnis zur 50 Ω Impedanz der Durchgangsleitung können die zusätzlichen Widerstände bei der Wellenausbreitung ($\underline{S}_{21}$) hingegen vernachlässigt werden.

Diese resistive Stromtrennung wird nachfolgend anhand eines 2-Pixel-Demonstrators untersucht und ist in Abbildung 5.18 veranschaulicht. Die Schwingkreise sind in den Spalt eines koplanaren Wellenleiters eingebettet, der jedoch zwischen beiden Galvanometern unterbrochen ist. Diese Unterbrechungen wurden nachträglich durch eine Drahtverbindung aus Indium verbunden. Die so entstehenden Verbindungen zeigen eine kritische Temperatur von 3,4 K und sind daher während der Messung bei 4,2 K noch normalleitend. Das Indium weist einen geringen Widerstand im Bereich von $R_{HP} < 100\ \text{m}\Omega$ auf und stellt somit einen Stromteiler für die externen Signale dar. Das Konzept ähnelt in dieser Weise einem Ansatz unter Verwendung von Aluminium-Drahtverbindungen zur Signaltrennung nach [83]. Um den Verdrahtungsaufwand zukünftiger MKING-Arrays gering zu halten, kann die Realisierung der Widerstände R_{HP}

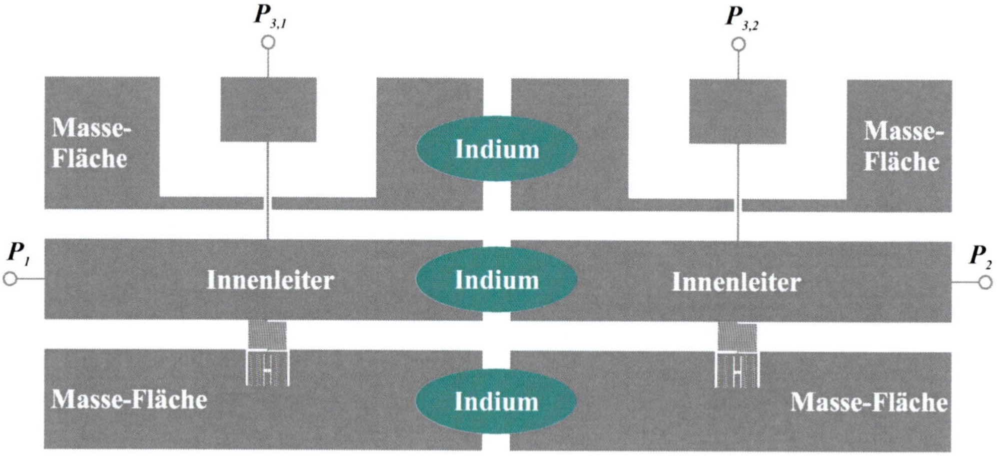

Abbildung 5.18: Schematische Darstellung eines 2-Pixel-MKING-Arrays. Beide Galvanometer sind über Indium-Bonddrähte miteinander verbunden. Die Bonddrähte sorgen für einen geringen Widerstand, wodurch die Messsignale $I_{P\_3,1}$ und $I_{P\_3,2}$ in das entsprechende Galvanometer geführt werden.

bereits in die Probenherstellung integriert werden. Beispielsweise kann der NbN-Film an den entsprechenden Stellen unterbrochen und in einer folgenden zweiten Metallisierungsebene kontaktiert werden. Entsprechend der Geometrie dieser Übergänge kann der Wert R_{HP} dann eingestellt werden.

5.4.2 Demonstration der parallelen Signalwandlung eines MKING-Arrays

Zur Demonstration des zeitgleichen Betriebs eines MKING-Arrays wurde eine Probe nach dem Entwurf von Abbildung 5.18 hergestellt. Beide Schwingkreise sind nach dem gleichen Design gefertigt und weisen bis auf kleinere herstellungsbedingte Schwankungen der Geometrie, die gleichen Bauteilwerte auf. Die Pixel sind nebeneinander angeordnet und an eine gemeinsame Durchgangsleitung gekoppelt. Eingebaut wurde das Array in ein modifiziertes Mikrowellengehäuse, das die Kontaktierung jedes Galvanometers mit einer eigenen Leitung an P_3 ermöglicht. So konnte der Arbeitspunkt jedes MKINGs während der Messung individuell eingestellt werden. In Abbildung 5.19.a ist noch einmal das Ersatzschaltbild des Aufbaus dargestellt. Die Widerstände R_{HP} sind als Drahtverbindungen aus Indium realisiert und sorgen für die Führung der externen Signale in die entsprechenden Galvanometer. Die Pfade der beiden externen Stromsignale sind markiert und führen vom jeweiligen Eingangsport (P_3) durch die induktiven Zweige

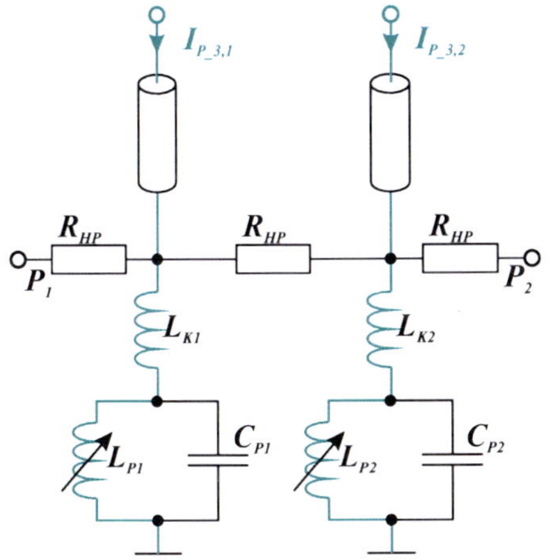

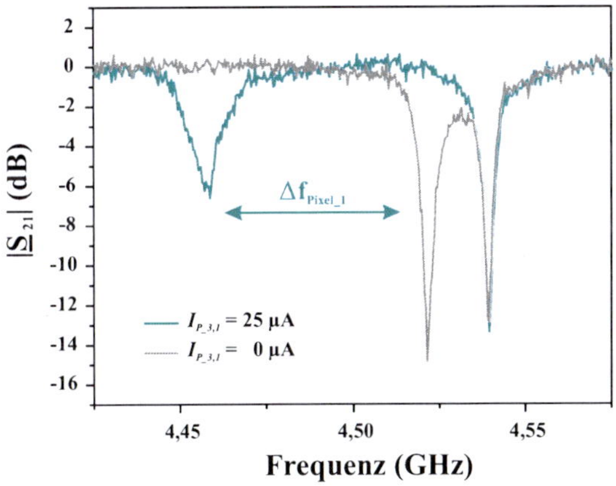

Abbildung 5.19: Demonstration der resisitiven Signaltrennung zwischen zwei MKINGs. (a) zeigt das Ersatzschaltbild des 2-Pixel-Arrays. Die Durchgangsleitung ist mehrfach durch einen geringen Widerstand unterbrochen. (b) stellt die Transmissionsmessung auf der Durchgangsleitung für zwei unterschiedliche Arbeitspunkte der MKINGs dar.

der Schwingkreise. Der gesamte Aufbau nutzt somit eine gemeinsame Masse sowohl für die Hochfrequenzsignale als auch für die niederfrequenten Signale.

Die gemessene Transmission auf der Durchgangsleitung des 2-Pixel-MKING-Arrays ist in Abbildung 5.19.b dargestellt. Ohne ein eingekoppeltes Signal in die Galvanometer werden zwei Resonanzfrequenzen gemessen, die mit $f_{res,1} = 4,52$ GHz und $f_{res,2} = 4,54$ GHz sehr nahe beieinander liegen. Die belastete Güte des ersten Pixels beträgt $Q_L = 435$, die des zweiten Pixels erreicht $Q_L = 622$. Mit der Einkopplung eines zusätzlichen Gleichstromsignals an $P_{3,1}$ wird die Resonanzfrequenz des ersten Pixels verstimmt. Das Stromsignal von 25 µA (circa 0,5 $\cdot$ I_C des Nanodrahts) verursacht eine Frequenzänderung um 64 MHz in der Transmissionsmessung. Das zweite Pixel zeigt hingegen unverändert die gleiche Resonanzfrequenz von 4,54 GHz, was die erfolgreiche Trennung der Stromsignale demonstriert. Die einzelnen Werte der Schwingkreise sind auch noch einmal in Tabelle 5.3 angegeben. Wie in den zuvor gezeigten Einzelpixeln ergibt sich durch die Induktivitätsänderung auch eine Gütenänderung (vgl. Kapitel 5.2.2).

Das Experiment zeigt neben der wirkungsvollen Signaltrennung durch die Widerstände noch einen weiteren Vorteil des MKINGs. Dessen Arbeitspunkt lässt sich über einen weiten Bereich einstellen, ohne dass dabei die Empfindlichkeit merklich reduziert wird. In Kapitel 5.2.2 wurde beispielsweise eine annähernd konstante Empfindlichkeit des MKINGs für einen Arbeitspunkt zwischen 0,4 $\cdot$ I_C und 0,8 $\cdot$ I_C gemessen. Wird also eine Abweichung zwischen der

	Pixel 1 - $I_{P\_3,1} = 0$	Pixel 1 - $I_{P\_3,1} = 25\,\mu A$	Pixel 2 - $I_{P\_3,2} = 0$
L_k	58 nH	58 nH	58 nH
C_p	210 fF	210 fF	210 fF
L_p	6,5 nH	6,8 nH	6,55 nH
Q_L	435	330	622
f_{res}	4,521 GHz	4,457 GHz	4,539 GHz

Tabelle 5.3: Bauteilwerte und Resonanzfrequenzen des hergestellten 2-Pixel-Arrays.

gemessenen Resonanzfrequenz und der Designfrequenz einer Probe festgestellt, so kann diese anhand des gewählten Arbeitspunktes einfach korrigiert werden. In Abbildung 5.19.b wird beispielsweise durch die Variation des Arbeitspunktes eine Frequenzänderung von bis zu 64 MHz erreicht. Eine vorhandene Systembandbreite kann entsprechend optimal ausgenutzt werden, wodurch sich ein bestmöglicher Störabstand der Pixel ergibt. In anderen Frequenzmultiplexverfahren kann dies nur durch eine aufwendige Nachbearbeitung der Schwingkreise erfolgen [90, 91].

5.5 Zusammenfassung des demonstrierten MKING-Konzepts

Das Konzept des MKINGs basiert auf einem supraleitenden Schwingkreis mit einer integrierten nichtlinearen Induktivität. In diesen Schwingkreis kann ein niederfrequentes Signal $f \neq f_{res}$, beispielsweise zur Auslese eines externen Detektors, eingekoppelt werden. Dieses Signal bewirkt abhängig von seiner Stromstärke eine Veränderung der nichtlinearen Induktivität. Ausgelesen wird die Schaltung anhand der entstehenden Verschiebung der Resonanzfrequenz analog eines MKIDs. Die Auflösung des Galvanometers wurde dabei mit bis zu 10 pA/$\sqrt{\text{Hz}}$ gemessen. Die eingekoppelten Signale können mit einem hohen Dynamikbereich zwischen wenigen pA bis zu mehreren µA erfasst werden. Ebenso weist das Galvanometer eine hohe Eingangsbandbreite im Bereich von Gleichströmen bis hin zu Mikrowellensignalen $f > 100$ MHz auf. Mit diesen Eigenschaften ist das Galvanometer für die Auswertung einer Vielzahl an kryogenen Detektoren interessant, was in diesem Kapitel anhand der Auslese sowohl von supraleitenden Kantenbolometern als auch von SNSPDs erfolgreich demonstriert wird.

Speziell in der Verwendung des MKINGs zur Auswertung eines großen Detektorarrays zeigt sich sein volles Potential. Neben der sensitiven Erfassung eines Stromsignals, moduliert das MKING entsprechend die Resonanzfrequenz eines supraleitenden Schwingkreises.

	MKING	SQUID-MUX [85]	SQUID-MUX [89]	SQUID-MUX [92]
δI	$10\ \frac{\text{pA}}{\sqrt{\text{Hz}}}$	$19\ \frac{\text{pA}}{\sqrt{\text{Hz}}}$	$17\ \frac{\text{pA}}{\sqrt{\text{Hz}}}$	$200\ \frac{\text{pA}}{\sqrt{\text{Hz}}}$
T	4,2 K	70 mK	100 mK	4 K
$f_{Traegersignal}$	~5 GHz	5 - 6 GHz	~5 GHz	~5 GHz

Tabelle 5.4: Vergleich verschiedener FDM-Konzepte zur Auslese von kryogenen Detektoren.

Das MKING kombiniert somit in einem kryogenen Detektorsystem die erste Verstärkerstufe sowie die Multiplexschaltung eines FDM-Verfahrens. Der Vergleich mit anderen SQUID basierten FDM-Verfahren zur Auslese von kryogenen Detektoren ist in Tabelle 5.4 veranschaulicht. Man erkennt, dass das MKING eine ähnlich gute, sogar geringfügig bessere Auflösung als die SQUID-Multiplexer erreicht. Die notwendige Arbeitstemperatur des MKINGs liegt hingegen um mehr als eine Größenordnung über den notwendigen Temperaturen zum Betrieb der SQUID-Multiplexer. Vergleicht man das MKING mit einem SQUID-Multiplexer bei gleicher Arbeitstemperatur, zeigt sich sogar eine 20-mal bessere Stromauflösung des MKINGs. Für eine Anwendung bietet sich somit ein großes Potenzial die notwendige Kühlleistung zu reduzieren ohne dabei die Sensitivität zu degradieren. Der Aufbau der SQUID-Multiplexer ist ebenfalls deutlich komplexer als das MKING-Layout, das in einer planaren Ebene gefertigt werden kann. Im Vergleich der jeweiligen Messmethode liegt der Vorteil ebenso beim MKING, der eine direkte Messung des Stromsignals ermöglicht. In SQUID basierten Ansätzen müssen im Gegensatz dazu die Signale erst in Magnetfelder gewandelt werden. Darüber hinaus benötigt das SQUID wegen seines geringen Dynamikbereichs eine zusätzliche Linearisierung.

Weiter wurde in diesem Kapitel der erfolgreiche Betrieb eines 2-Pixel-MKING-Arrays demonstriert. Die Einzelpixel zeigen dabei eine belastete Bandbreite von 10 und 7 MHz. Abhängig vom Dynamikbereich der Eingangssignale könnten entsprechend 50 Pixel in einer Bandbreite von 1 GHz betrieben werden. Da alle MKINGs an eine gemeinsame Durchgangsleitung gekoppelt sind, wird für die Auslese des Arrays nur eine gemeinsame Ausleseleitung benötigt. Die Anzahl an Kabelverbindungen in den Kryostaten sind folglich nur vom auszulesenden Detektorarray definiert.

6 Zusammenfassung

In dieser Arbeit werden zwei unterschiedliche neuartige Multiplexverfahren beschrieben, um supraleitende Einzelphotonen-Detektoren über einen gemeinsamen Kanal auszulesen. Die Arbeit ist dabei zweigeteilt und beschreibt zuerst das neu entwickelte Konzept des RF-SNSPDs, das eine Multifrequenz-Auslese von Supraleitenden Nanodraht Einzelphotonen-Detektoren (SNSPDs) ermöglicht. Im zweiten Teil der Arbeit wird ausgehend vom RF-SNSPD die Idee des MKINGs beschrieben. Dabei handelt es sich um einen sensitiven Stromsensor, der ein erfasstes Signal in die Modulation einer Trägerfrequenz wandelt. Auf diese Weise wird eine universelle Auslese einer Vielzahl an kryogener Detektoren ermöglicht.

Der RF-SNSPD besteht aus einem supraleitenden Schwingkreis, in den ein SNSPD als induktives Element integriert ist. Dieser Schwingkreis ist kapazitiv an eine Durchgangsleitung gekoppelt, die zur Auslese der Resonanzfrequenz dient. Wird auf der Durchgangsleitung ein Signal $f = f_{res}$ übertragen, so koppelt Leistung in den Schwingkreis ein und es fließt ein oszillierender Mikrowellenstrom durch den SNSPD. Dieser Mikrowellenstrom wird zur Arbeitspunkteinstellung des Detektors verwendet und bringt den Nanodraht in einen instabilen Zustand, in dem die Energie eines Photons ausreicht, um die Supraleitung lokal zu zerstören. An dieser Absorptionsstelle wechselt der Nanodraht folglich in den normalleitenden Zustand und zeigt einen sehr großen Widerstand. Die Güte des Schwingkreises wird stark reduziert und die Wellenausbreitung auf der Durchgangsleitung ($f = f_{res}$) kann kurzzeitig ungestört erfolgen. In diesem Zustand fliest nahezu kein Strom mehr durch den Nanodraht und dieser kann den supraleitenden Zustand wiederherstellen. Die Güte wechselt wieder auf den ursprünglichen Wert und der Resonator beginnt sich erneut einzuschwingen.

Dieses Prinzip der Güten-Modulation, ausgelöst durch ein absorbiertes Einzelphoton, wird an verschiedenen Proben vorgeführt. Die berechneten Zeitkonstanten der entstehenden Transmissionsänderung auf der Durchgangsleitung liegen dabei in guter Übereinstimmung mit den gemessenen Detektorantworten. Die zeitliche Auflösung des RF-SNSPDs konnte mit bis zu 46,5 ps gemessen werden und liegt damit im Bereich von konventionellen SNSPDs. Darüber hinaus bestätigt die Messung die Annahme, dass die Güte des Schwingkreises im Detektionsfall auf einen Wert nahe Null abfällt. Neben der zeitlichen Auflösung wurde zudem die Detektionseffizienz des RF-SNSPDs mit dem von konventionellen SNSPDs verglichen. Ein speziell entwickeltes Detektor-Layout ermöglicht die Arbeitspunkteinstellung ein und desselben Nanodrahts sowohl mit Gleich- als auch mit einem Mikrowellenstrom. Die Ergebnisse können so direkt miteinander verglichen werden und zeigen, dass in beiden Arbeitspunkten eine sehr ähnliche spektrale Detektionseffizienz erreicht wird.

Neben der Untersuchung von einzelnen Detektoren wird auch die Erweiterung des Konzepts zu RF-SNSPD-Arrays vorgestellt. Dazu wird ein weiterentwickelter Schwingkreis-Entwurf vorgeschlagen, mit dem die notwendige Bandbreite zum Betrieb der RF-SNSPDs deutlich reduziert werden kann. In ersten Messungen wird dadurch eine Reduktion der belasteten Bandbreite, von zuvor mehr als 100 MHz, auf bis zu 12 MHz gemessen. Aus diesem neu entwickelten Layout wird ein 16-Pixel-RF-SNSPD-Array erstellt. Neben der Funktion aller Pixel wird an diesem auch der gleichzeitige Betrieb aller 16 Detektoren demonstriert. Dabei wird eine zeitliche-, eine räumliche- sowie eine Photonenzahl-Auflösung ermöglicht. Es wird veranschaulicht, dass die zum Betrieb des Arrays benötigte Bandbreite auf bis zu 245 MHz reduziert werden kann. Mit dem vorhandenen Layout ist somit der Betrieb von mehr als 64 RF-SNSPDs in einer Bandbreite von 1 GHz möglich. Ferner können diese 64 Pixel alle parallel an nur einer Durchgangsleitung betrieben werden. Auf diese Weise wird erstmals ein minimaler Wärmeeintrag in das kryogene Detektorsystem realisiert ohne dabei die räumlichen-, zeitliche- oder Photonenzahlauflösung des Arrays zu limitieren.

Im zweiten Teil der Arbeit wird ein weiteres Konzept beschrieben, wie kryogene Detektoren in einem Frequenzmultiplexverfahren ausgelesen werden können. Die Idee basiert dabei nicht auf der Integration des Detektors in eine Multiplexschaltung, sondern hält beide Komponenten voneinander getrennt. So bleibt der Aufbau modular und die Detektorkomponente kann beliebig mit einer anderen ausgetauscht werden. Der Aufbau dieser Multiplexschaltung (MKING) ähnelt dabei dem des RF-SNSPDs. Beide Varianten nutzen die Resonanzfrequenz eines supraleitenden Schwingkreises zur Trägerfrequenzerzeugung in einem Multifrequenz-Ausleseverfahren. Ebenso ist auch beim MKING ein supraleitender Nanodraht als Induktivität im Schwingkreis enthalten. Im Gegensatz zum RF-SNSPD wird dieser aber in einem Arbeitspunkt weit weg vom kritischen Strom betrieben und verbleit somit über die gesamte Zeit im supraleitenden Zustand. Die Modulation der Trägerfrequenz entsteht daher nicht durch die Variation der Güte, sondern durch eine Änderung der Resonanzfrequenz des Schwingkreises. Um diese Änderung zu bewirken, wird ein Stromsignal, beispielsweise das Signal eines externen Detektors, durch den Schwingkreis geleitet. Der Signalpfad wird dabei durch den Nanodraht geführt und bewirkt eine Induktivitätsänderung abhängig von seiner Stromstärke.

Diese Modularität wird in der erfolgreichen Auslese unterschiedlicher kryogener Detektoren vorgeführt. Es wird sowohl die sensitive Messung eines supraleitenden Kantenbolometers als auch die schnelle Erfassung von SNSPD-Pulsen gezeigt. Die Stromauflösung erreicht dabei einen Wert von bis zu 10 pA/$\sqrt{Hz}$ und liegt damit auf Augenhöhe mit bisher etablierten SQUID-basierten Multiplexansätzen [85, 89]. Die Arbeitstemperatur des MKINGs liegt hingegen um mehr als eine Größenordnung höher, bei 4,2 K anstelle von ~100 mK. Durch die Verwendung des MKINGs als Multiplexer ergibt sich entsprechend eine deutliche Reduktion der notwendigen System-Kühlleistung. Im Vergleich zu den SQUID-basierten Ansätzen ergeben sich aber noch weitere Vorteile. Zum einen ist der planare Aufbau des MKINGs im Vergleich zu SQUIDs weniger komplex und zum anderen ermöglicht das MKING eine absolute Messung eines Stromsignals, wobei keine zusätzliche Linearisierung des Arbeitspunktes benötigt wird.

Als letzter Punkt der Arbeit wird ein Konzept vorgestellt, wie mehrere MKINGs in einem Array betrieben werden können. Im vorgeschlagenen Aufbau können die einzelnen Signale eines Detektorarrays direkt mit dem MKING-Array verbunden werden. Die Detektorantworten werden dabei jeweils auf eigene Trägerfrequenzen moduliert und können alle auf einer gemeinsamen Durchgangsleitung übertragen werden. An einem 2-Pixel-Array wird abschließend der erfolgreiche Betrieb beider MKINGs gleichzeitig demonstriert. Die Pixelzahl ist dabei skalierbar und kann auf bis zu 50 Detektoren erhöht werden, die alle an einer Durchgangsleitung in einer Bandbreite von 1 GHz betrieben werden.

A Physikalische Grundlagen der Arbeit

A.1 Grundlagen der Supraleitung

Einige Materialien zeigen beim Unterschreiten einer kritischen Temperatur T_C, dass der elektrische Widerstand schlagartig gegen Null absinkt. Den Grund für dieses Phänomen fanden die Physiker John Bardeen, Leon Cooper und John Schrieffer in der Verbindung zweier Elektronen zu einem sogenannten Cooper-Paar [71]. Cooper-Paare folgen anders als Elektronen der Bose-Einstein Statistik und nehmen alle den gleichen Energiezustand ein. Somit stoßen Cooper-Paare beim Stromtransport nicht gegeneinander wie Elektronen, was das Verschwinden des elektrischen Widerstands erklärt. Der supraleitende Zustand kann daher als energetisch günstigerer Zustand beschrieben werden, der eine Energielücke zum normalleitenden Zustand aufweist. Wird durch thermische Anregung diese Energielücke überwunden, so brechen die Cooper-Paare zu normalleitenden Quasiteilchen auf. Das temperaturabhängige Verhältnis zwischen Cooper-Paaren und Quasiteilchen wird dabei durch das Zweiflüssigkeitsmodell beschrieben [30]. Neben thermischer Anregung kann den Cooper-Paaren auch Energie durch ein elektrisches oder magnetisches Feld zugeführt werden, welches die kinetische Energie erhöht. Daraus ergibt sich neben der oben genannten kritischen Temperatur noch ein kritisches Magnetfeld B_C und eine kritische Stromstärke I_C, welche den supraleitenden Zustand begrenzen [30].

Neben den Cooper-Paaren werden in einem elektrischen Wechselfeld auch die Quasiteilchen beschleunigt, wodurch frequenzabhängige Verluste entstehen. Dieses Verhalten kann mit der ersten Londongleichung [93] der Gebrüder London beschrieben werden,

$$\vec{E} = \frac{\partial \vec{J_s}}{\partial t} \cdot \lambda_L^2 \cdot \mu_0 \tag{A.1}$$

wobei λ_L die London-Eindringtiefe beschreibt. Sie gibt an wie weit ein äußeres Feld in einen Supraleiter eindringen kann. Teilt man die Stromdichte im Supraleiter in eine normalleitende Stromdichte J_n und eine supraleitende Stromdichte J_s, so kann die normalleitende Komponente durch das Ohmsche Gesetz und die supraleitende Komponente durch die Londongleichung beschrieben werden.

$$\frac{\partial \vec{J}}{\partial t} = \sigma_n \cdot \frac{\partial \vec{E}}{\partial t} + \frac{\vec{E}}{\lambda_L^2 \cdot \mu_0} \tag{A.2}$$

σ_n stellt hierbei die Leitfähigkeit der normalleitenden Ladungsträger da. Bei einer harmonischen Zeitabhängigkeit kann Gleichung A.2 in die komplexe Schreibweise

$$\vec{J} = \vec{J}_n + \vec{J}_s = \sigma_n \cdot \vec{E} + \frac{1}{j \cdot \omega \cdot \lambda_L^2 \cdot \mu_0} \cdot \vec{E} = (\sigma_1 - j \cdot \sigma_2) \cdot \vec{E} \tag{A.3}$$

überführt werden. Eingesetzt in die Gleichung der komplexen Oberflächenimpedanz ($Z_s = R_s + j \cdot X_s = \sqrt{(j\omega\mu_0)/\sigma}$ ergibt sich

$$Z_s = \sqrt{\frac{j \cdot \omega \cdot \mu_0}{\sigma_1 - j \cdot \sigma_2}} \tag{A.4}$$

als Ergebnis. Eine Umformung zu

$$Z_s = \sqrt{\frac{\omega \cdot \mu_0}{\sigma_2}} \cdot \sqrt{j + \frac{\sigma_1}{2 \cdot \sigma_2}} \tag{A.5}$$

ermöglicht die Trennung des Real- und Imaginärteils. Nun kann sowohl die supraleitende als auch die normalleitende Leitfähigkeit nach Gleichung A.3 ($\sigma_1 = \sigma_n$ und $\sigma_2 = 1/(j \cdot \omega \cdot \lambda_L^2)$) wieder eingesetzt werden. Als Ergebnis erhält man

$$Z_s = \frac{1}{2} \cdot \sigma_n \cdot \omega^2 \cdot \mu_0^2 \cdot \lambda_L^3 + j \cdot \omega \cdot \mu_0 \cdot \lambda_L \tag{A.6}$$

wobei die Substitution von $\lambda_L^2 = m/(\mu_0 \cdot n \cdot e^2)$ verwendet wurde [30, 94]. Der imaginäre Anteil der Oberflächenimpedanz in Gleichung A.6 beschreibt dabei die gespeicherte Bewegungsenergie der Ladungsträger, die sogenannte kinetische Induktivität L_{kin}. Diese entsteht durch die hohe Bewegungsenergie der Cooper-Paare. Ändert sich die Feldrichtung so müssen die Ladungsträger erst abgebremst und erneut beschleunigt werden, wodurch sich eine Phasenverschiebung zum elektrischen Feld analog einer Induktivität ergibt. Dieser Effekt findet sich auch in Normalleitern, kann allerdings aufgrund der deutlich geringeren Bewegungsgeschwindigkeit oftmals vernachlässigt werden [30].

Die kinetische Induktivität eines Supraleiters lässt sich auch über die gespeicherte Bewegungsenergie der Ladungsträger berechnen. Für einen Supraleiter mit Querschnitt A und Länge l ergibt sich eine gespeicherte Bewegungsenergie von

$$\frac{1}{2} \cdot (2 \cdot m_e \cdot v_s^2) \cdot (n_s \cdot l \cdot A) \tag{A.7}$$

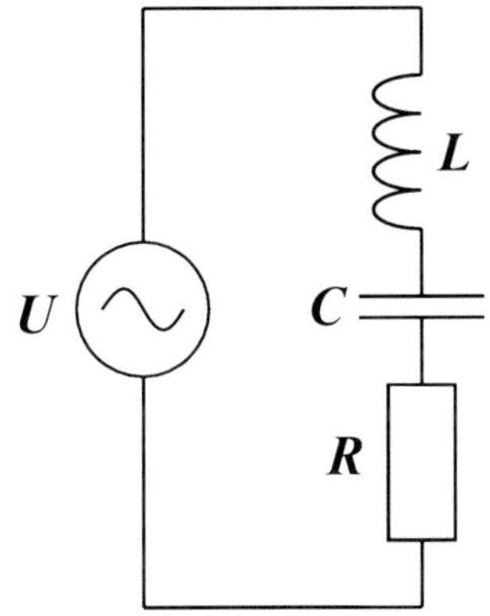

Abbildung A.1: Darstellung eines *LCR*-Serienschwingkreises.

Dabei bezeichnet m_e die Masse eines Elektrons, v_s die Geschwindigkeit des Cooper-Paars und n_s die supraleitende Landungsträgerdichte. Gleichgesetzt mit der Formel für die gespeicherte Feldenergie einer Induktivität ($W = 1/2 \cdot L \cdot i^2$) ergibt sich die kinetische Induktivität des Supraleiters zu

$$L_{kin} = \frac{2 \cdot m_e \cdot v_s^2 \cdot n_s \cdot l \cdot A}{i^2} \tag{A.8}$$

Unter Verwendung von $i = 2 \cdot e \cdot n_s \cdot v_s \cdot A$ vereinfacht sich die kinetische Induktivität zu

$$L_{kin} = \frac{m_e \cdot l}{2 \cdot e^2 \cdot n_s \cdot A} \tag{A.9}$$

Die kinetische Induktivität ist somit umgekehrt proportional zur Anzahl der Ladungsträger bzw. dem Querschnitt des Leiters [71].

A.2 Supraleitende Schwingkreise

Das Interesse an supraleitenden Schwingkreisen ist hauptsächlich in den geringen Verlusten des supraleitenden Zustands begründet. Supraleitende Materialien bieten daher die Möglichkeit Schwingkreise mit sehr hohen Güten zu realisieren. In dieser Arbeit werden hauptsächlich Resonatoren behandelt, die aus konzentrierten Elementen aufgebaut sind. Nachfolgend sollen daher ihre wichtigsten Eigenschaften angeführt werden.

Ein Serienschwingkreis bestehend aus Induktivität L, Kapazität C und Widerstand R ist in Abbildung A.1 gezeigt. Bei der Resonanzfrequenz f_{res} sind die Blindanteile X_L und X_C genau gleich groß. Da beide Größen einen Phasenunterschied von 180° zueinander zeigen, heben sie

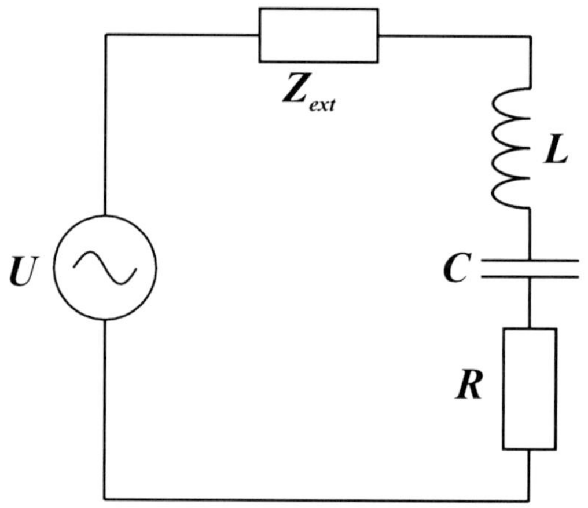

Abbildung A.2: Ersatzschaltbild eines LCR-Schwingkreises, der über eine zusätzliche Impedanz Z_{ext} an ein externes Netzwerk gekoppelt ist.

sich bei dieser Frequenz gegenseitig auf und die Schwingkreisimpedanz $Z = X_L + X_C + R$ wird nur noch durch den Widerstand R definiert. Berechnet werden kann diese Frequenz zu

$$f_{res} = \frac{1}{2 \cdot \pi \cdot \sqrt{L \cdot C}} \tag{A.10}$$

Die zuvor angesprochene Güte des Schwingkreises Q ist durch das Verhältnis der gespeicherten Energie zur pro Periode verbrauchten Energie definiert. Die gespeicherte Energie befindet sich dabei in der Induktivität $W_L = \frac{1}{2} \cdot L \cdot i^2$ als auch in der Kapazität $W_C = \frac{1}{2} \cdot C \cdot u^2$. Die Verlustleistung ist durch den Widerstand R zu $P_V = \frac{I^2 \cdot R}{f}$ definiert. Dabei bezeichnet I den Effektivwert des Stroms. Verwendet man stattdessen die Stromamplitude, so ergibt sich die Verlustleistung zu $P_V = \frac{1}{2} \cdot \frac{I_{amp}^2 \cdot R}{f}$. Betrachtet man den Zeitpunkt wenn die gesamte Energie in der Induktivität gespeichert ist und entsprechend der maximale Strom fliest, kann die Güte zu

$$Q = 2 \cdot \pi \cdot \frac{W_L}{P_V} = 2 \cdot \pi \cdot \frac{\frac{1}{2} \cdot L \cdot i_{amp}^2}{\frac{1}{2} \cdot \frac{i_{amp} \cdot R}{f}} = 2 \cdot \pi \cdot f \frac{L}{R} \tag{A.11}$$

berechnet werden [53]. Die Güte ist also umgekehrt proportional zum Widerstand R. Für den Supraleiter berechnet sich R nach Gleichung A.6 und zeigt für Frequenzen im GHz-Bereich sehr kleine Werte, weshalb sehr hohe Güten realisiert werden können.

Bisher wurde nur der reine Schwingkreis betrachtet. In einer Anwendung ist dieser allerdings an ein externes Netzwerk mit der Impedanz Z_{ext} gekoppelt. Für den Serienschwingkreis ergibt sich demnach eine Anordnung wie in Abbildung A.2 gezeigt. Die externe Impedanz erzeugt zusätzliche Verluste und reduziert somit die zuvor ermittelte interne Güte zur sogenannten belasteten Güte Q_L. Die belastete Güte ist dabei zu

$$\frac{1}{Q_L} = \frac{1}{Q_0} + \frac{1}{Q_C} \tag{A.12}$$

definiert. Dabei bezeichnet Q_0 die interne Güte des Schwingkreises ohne Berücksichtigung des externen Netzwerks und Q_C repräsentiert die Koppelgüte. Die Koppelgüte beschreibt wie stark der Schwingkreis an das externe Netzwerk gekoppelt ist, beziehungsweise wie stark die externe Impedanz auf die interne Güte wirkt.

A.3 Aufbau eines koplanaren Wellenleiters

Zur Auslese der in dieser Arbeit verwendeten Resonatoren, werden die Schwingkreise an eine Übertragungsleitung gekoppelt. Für die verwendeten Schwingkreis-Layouts eignet sich speziell die Variante eines koplanaren Wellenleiters (engl. coplanar waveguide, CPW). Dieser besteht aus einem Innenleiter zu dem rechts und links jeweils eine Massefläche liegt, wie in Abbildung A.3.a angedeutet. Getrennt werden Innenleiter und Masseflächen von Schlitzen im supraleitenden Material, die das dielektrische Substrat der Probe freilegen. Mit diesem Aufbau kann der koplanare Wellenleiter als planare Version eines konventionellen Koaxialkabels gesehen werden.

Die sich ergebende Feldverteilung des elektrischen- (E-Feld) und magnetischen Felds (H-Feld) im koplanaren Wellenleiter ist in Abbildung A.3.b angedeutet. Es breitet sich eine quasi transversalelektromagnetische Welle (TEM-Welle) aus, bei der einerseits das E-Feld und anderseits das H-Feld in Ebenen senkrecht zur Ausbreitungsrichtung liegt. Die Feldverteilung

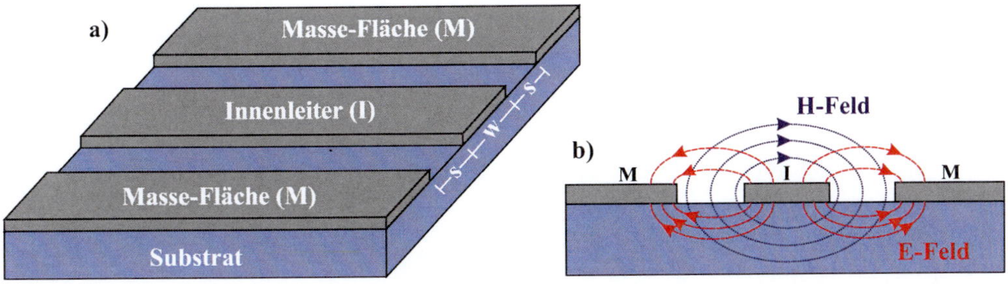

Abbildung A.3: Schematischer Aufbau eines koplanaren Wellenleiters nach [95]. (a) zeigt die Struktur, bestehend aus dem Innenleiter und den Masseflächen. Die Masseflächen sind über einen Spalt vom Innenleiter getrennt. (b) gibt die Feldverteilung sowohl des elektrischen- (E-Feld) als auch des magnetischen Felds (H-Feld) wieder.

konzentriert sich dabei sowohl im Innenleiter als auch in der Massefläche in Richtung des Spalts. Entsprechend wird am Rand des Innenleiters und der Massefläche die höchste Stromdichte erreicht. Die Werte für die Induktivität sowie der Kapazität pro Längeneinheit des CPW ergeben sich nach [96] zu:

$$L' = \frac{\mu_0}{4} \cdot \frac{K(k')}{K(k)} \tag{A.13}$$

$$C' = 4 \cdot \varepsilon_0 \cdot \varepsilon_{eff} \cdot \frac{K(k)}{K(k')} \tag{A.14}$$

wobei K das vollständige elliptische Integral erster Ordnung mit den Argumenten

$$k = \frac{w}{w + 2 \cdot s} \quad ; \quad k' = \sqrt{1 - k^2}$$

bezeichnet. Dabei beschreibt w die Innenleiterbreite und s die Spaltbreite zwischen dem Innenleiter und der Massefläche. Bei einer hinreichenden Dicke des Substrats kann die Feldverteilung zur Hälfte im Substrat und zur anderen Hälfte in der Luft angenommen werden. Die effektive Permittivität berechnet sich folglich zu $\varepsilon_{eff} = (1 + \varepsilon_{substrat})/2$. Beim koplanaren Wellenleiter kann demnach der Wellenwiderstand der Leitung ($Z_L = \sqrt{L/C}$) anhand des Verhältnisses zwischen der Innenleiterbreite w und der Spaltbreite s eingestellt werden.

Zur Auslese eines supraleitenden Schwingkreises zeigt die CPW-Variante hauptsächlich zwei Vorteile gegenüber anderen Wellenleitern: Zum einen liegen Innenleiter und Massefläche in der selben Ebene, weshalb auch die Resonatorstruktur planar gefertigt werden kann. Entsprechend vereinfacht sich die Herstellung der Probe. Zum anderen wird beim koplanaren Wellenleiter der Wellenwiderstand anhand der Innenleiter- zu Spaltbreite eingestellt. Die CPW-Geometrie kann daher bei gleichem Wellenwiderstand beliebig variiert werden. So können große Innenleiterbreiten am Probenrand realisiert werden, um eine einfache Kontaktierung der Probe zu ermöglichen. Im weiteren Verlauf der Leitung kann die Breite w dann verjüngt werden, um eine große Packungsdichte der Resonatoren zu erlauben.

A.4 Beschreibung von elektrischen Netzwerken anhand ihrer Streuparameter

Streuparameter bieten eine elegante Möglichkeit ein elektrisches Netzwerk anhand der darin stattfindenden Wellenausbreitung zu beschreiben. Im Falle eines an eine Durchgangsleitung gekoppelten Schwingkreises ergibt sich beispielsweise ein System mit einem Eingang (Port 1)

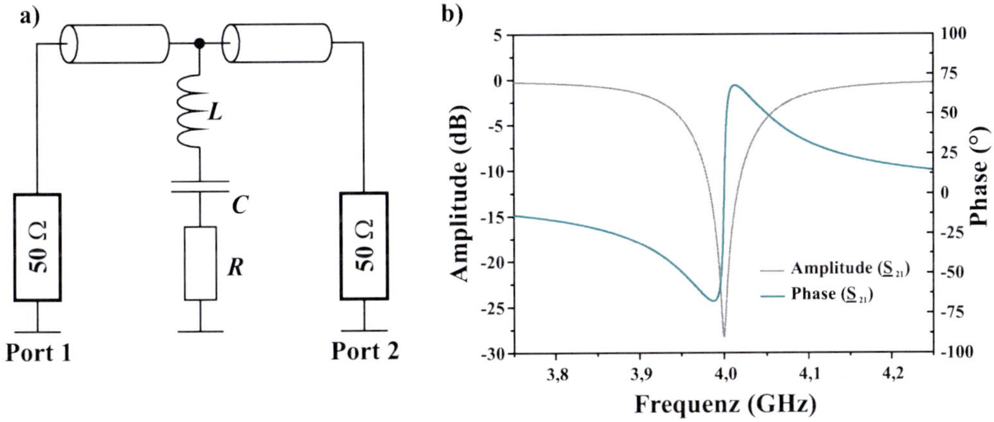

Abbildung A.4: Schematische Darstellung einer Schwingkreis-Charakterisierung anhand des Vorwärts-Transmissionsfaktors S_{21}. (a) zeigt das äquivalente Ersatzschaltbild des Netzwerks. Die Wellenimpedanz der Durchgangsleitung sowie die Impedanz von Port 1 und 2 betragen jeweils 50 Ω. Die Änderung des S_{21}-Parameters, unterteilt in Amplituden- und Phasenwert, ist in (b) wiedergegeben.

und einem Ausgang (Port 2). Zur Charakterisierung dieses Netzwerks anhand seiner Streuparameter wird an jedem Port sowohl die einlaufende Welle, als auch die daran reflektierte Welle gemessen. Entsprechend ergibt sich nach [53] die Matrixdarstellung

$$\begin{pmatrix} V_1^- \\ V_2^- \end{pmatrix} = \begin{pmatrix} \underline{S}_{11} & \underline{S}_{12} \\ \underline{S}_{21} & \underline{S}_{22} \end{pmatrix} \cdot \begin{pmatrix} V_1^+ \\ V_2^+ \end{pmatrix}$$

wobei, V_n^- die am Port n reflektierte Spannungswelle und V_n^+ die am Port n einlaufende Welle darstellt. An dieser Matrix erkennt man nun sofort den Eingangsreflexionsfaktor $\underline{S}_{11}$, den Ausgangsreflexionsfaktor $\underline{S}_{22}$, den Vorwärts-Transmissionsfaktor $\underline{S}_{21}$ sowie den Rückwärts-Transmissionsfaktor $\underline{S}_{12}$. Die einzelnen Parameter stellen dabei dimensionslose komplexe Zahlen dar, die meist in Polarform angegeben werden.

Eine exemplarische Beschreibung eines Netzwerkes, anhand seines $\underline{S}_{21}$-Parameters, ist in Abbildung A.4 dargestellt. Das äquivalente Ersatzschaltbild des Netzwerkes ist in Abbildung A.4.a gegeben. Ein *LCR*-Schwingkreis ist an eine Durchgangsleitung gekoppelt, die einen Wellenwiderstand von 50 Ω aufweist. In dieser Konfiguration wurde die übertragene Spannungswelle von Port 1 zu Port 2 über einen Frequenzbereich zwischen 3,75 GHz bis 4,25 GHz gemessen. Das Ergebnis veranschaulicht Abbildung A.4.b. Man erkennt bei der Resonanzfrequenz $f_{res} = 4$ GHz eine deutliche Änderung sowohl der Amplitude, als auch der Phase zwischen der ein- und auslaufenden Welle. Der Einbruch der Amplitude kann durch die entstehende Fehlanpassung zwischen der 50 Ω-Durchgangsleitung und der Schwingkreisimpedanz erklärt werden. Die Phasendrehung entsteht durch die frequenzabhängige Impedanz des Schwingkreises. Bei Frequenzen $f < f_{res}$ zeigt die Impedanz ein induktives Verhalten, ändert sich bei Resonanzfrequenz jedoch zu einem kapazitiven Verhalten.

B Herstellung der vermessenen Proben

Die in dieser Arbeit untersuchten Proben wurden alle am Institut für Mikro- und Nanoelektronische Systeme (IMS) am Karlsruher Institut für Technologie (KIT) hergestellt. Die einzelnen Herstellungsschritte sind dabei sowohl für den RF-SNSPD als auch das MKING-Galvanometer identisch und orientieren sich an der am Institut entwickelten SNSPD Technologie.

Als Substratmaterial wurde einkristallines Saphir (r-plane Orientierung) verwendet. Dieses weist eine Dicke von 330 µm auf und ist auf der Oberseite poliert. Mit einer Gitterkonstante von 0,48 nm stellt es eine gute Anpassung zur Gitterkonstante von Niobnitrid dar, welches je nach gewählter Stöchometrie im Bereich zwischen 0,435 nm $< a_0 <$ 0,465 nm liegt [97]. Ebenso bietet Saphir eine hohe mechanische Stabilität wodurch die Herstellungsschritte erleichtert werden. Vor der Abscheidung von NbN auf das Substrat wird das Saphir erst in einer n-Hexan Lösung von organischen Stoffen befreit und anschließend in Aceton gefolgt von Isopropanol gereinigt.

Zur Beschichtung des Substrats mit einem NbN-Film wurde eine reaktive DC-Magnetron Sputteranlage verwendet. Sie besteht aus einer Vakuumkammer, in der über Stoßionisation Argonionen generiert werden. Diese werden sowohl in einem elektrischen- als auch in einem magnetischen Feld auf ein Niob-Target beschleunigt und schlagen dort einzelne Teilchen aus, die sich auf dem Substrat ablagern. Auf ihrem Weg verbinden sich die Teilchen jedoch noch mit freien Stickstoffradikalen, die zusätzlich zum Argon in die Prozesskammer geleitet werden. Auf dem Substrat bildet sich somit ein dünner Niobnitrid (NbN) Film. Um eine möglichst hohe Abscheidungsrate zu erreichen, wird das Substrat während des Prozesses auf eine Temperatur von 850° C aufgeheizt.

Die Stöchiometrie des entstehenden NbN-Films ist dabei stark von den vorhandenen Partialdrücken als auch vom Ionisationsgrad des Plasmas abhängig. In Abbildung B.1 ist beispielhaft die Strom-Spannungs-Kennlinie des Plasmas für einen Partialdruck von $p_{Ar} = 3 \cdot 10^{-3}$ mbar und $p_{N2} = 2 \cdot 10^{-4}$ mbar gezeigt sowie für ein reines Argon-Plasma mit $p_{Ar} = 3 \cdot 10^{-3}$ mbar. Für große Ströme liegen beide Kurven übereinander. Der Sputterprozess dominiert gegenüber der chemischen Reaktion mit den Stickstoffradikalen. Für kleine Ströme zeigt sich ein umgekehrtes Bild und es entsteht ein NbN-Film mit hohem Stickstoffanteil. Je nach gewähltem Arbeitspunkt

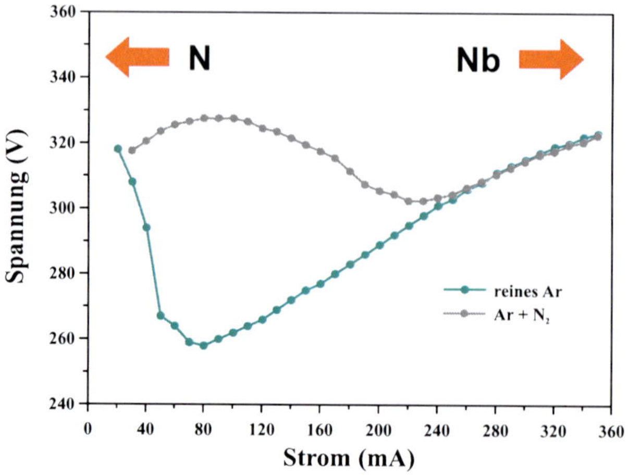

Abbildung B.1: Entladekurve des Plasmas in der DC-Magnetron Sputteranlage [HDH+12].

während der Filmabscheidung entsteht somit ein unterschiedlicher NbN-Film mit unterschiedlichen Werten für T_C, I_C und L_{kin}.

Nach der Abscheidung des Films mit einer Dicke zwischen 4 und 5 nm beginnt die Strukturierung der planaren Struktur mithilfe einer Elektronenstrahllithografie. Auf den Film wird ein Schutzlack bestehend aus Polymethylmethacrylat (PMMA 950k Serie) aufgetragen. In diesen wird in einem Positiv-Prozess mithilfe des Elektronenstrahls die gewünschte Schaltung übertragen. Die so belichteten Stellen können anschließend in einem Lösungsmittel bestehend aus Methylisobutylketon (MIBK) und Isopropananol freigelegt werden. Um an diesen freiliegenden Stellen nun das NbN zu entfernen, folgt ein abschließender Ätzschritt. Dieser erfolgt in einem physikalischen Trockenätzprozess unter Verwendung von Argonionen. Das Verfahren ähnelt dabei dem zuvor beschriebenen Sputterprozess, allerdings werden nun die Argonionen direkt auf die Probe beschleunigt. Unter dem Beschuss werden die freiliegenden NbN-Bereiche zerstäubt, wohingegen die anderen NbN-Flächen vom Lack geschützt werden.

In dieser Technologie wurden verschiedene Proben hergestellt, an denen die Hochfrequenzeigenschaften der supraleitenden Filme untersucht werden konnten. In diesen Messungen wurden auch die Werte der Flächeninduktivität und des Schichtwiderstands ermittelt, welche später in der Simulation verwendet wurden. Da alle Schichten mit der identischen Dicke abgeschieden wurden, ist sowohl die Induktivität, als auch der Schichtwiderstand auf die Fläche von einem Quadrat normiert und erreicht $L = 40$ pH und $R_s = 26$ μΩ.

Abkürzungen und Symbole

Abkürzungen

AP	Arbeitspunkt
ATHENA	Advanced Telescope for High Energy Astrophysics
AWG	Arbitrary waveform generator
CDM	Code-division multiplexing
CMOS	Complementary metal-oxide-semiconductor
CPW	Coplanar waveguide
DC	Direct current
DE	Detektionseffizienz
FDM	Frequency-division multiplexing
FFT	Fast Fourier transform
FWHM	Full width at half maximum
HEMT	High-electron-mobility transistor
HF	Hochfrequenz
HP	Hochpass
IF	Intermediate frequency
IMS	Institut für Mikro- und Nanoelektronische Systeme
JJ	Josephson Junction

KIT	Karlsruher Institut für Technologie
LO	Local oscillator
MKID	Microwave kinetic-inductance detector
MKING	Microwave kinetic-inductance nanowire galvanometer
NWA	Netzwerkanalysator
PMT	Photomultiplier tube
PSD	Power spectral density
REM	Rasterelektronenmikroskop
RF	Radio frequency
RSFQ	Rapid single flux quantum
SMA	Sub-Miniature-A
SNR	Signal-Rausch-Verhältnis
SNSPD	Superconducting nanowire single-photon detector
SPAD	Single-photon avalanche diode
SQUID	Superconducting quantum interference device
TDM	Time-division multiplexing
TEM	Transversalelektromagnetisch
TES	Transition-edge sensor
TP	Tiefpass
VCSEL	Vertical-cavity surface-emitting laser

Lateinische Buchstaben

A	Verstärkung
B	Bandbreite
B_C	Kritisches Magnetfeld
C	Kapazität
C_D	Datenrate
C_k	Koppelkapazität
C_p	Parallelkapazität
D	Dämpfung
d	Dicke
f	Frequenz
f_{res}	Resonanzfrequenz
G	Wärmeleitfähigkeit
I^*	Kritischer Strom (theoretisch)
i_{Amp}	Stromamplitude
I_B	Biasstrom
I_C	Kritischer Strom
I_K	Kreisstrom
J_C	Kritische Stromdichte
L	Induktivität
l	Länge
L_{kin}	Kinetische Induktivität
L_k	Koppelinduktivität
L_p	Parallelinduktivität

n_s	Supraleitende Ladungsträger
P	Leistung
P_C	Kritische Leistung
P_n	Port n
Q	Güte
Q_0	Unbelastete Güte
Q_C	Koppelgüte
Q_L	Belastete Güte
R	Widerstand
$\mathscr{R}$	Empfindlichkeit
R_L	Lastwiderstand
R_s	Oberflächenwiderstand
$\underline{S}_{21}$	Transmissionsparameter
T	Temperatur
t	Zeit
T_0	Temperatur zum Anfangszeitpunkt
T_a	Umgebungstemperatur
T_C	Kritische Temperatur
T_n	Rauschtemperatur
U	Spannung
u_{Amp}	Spannungsamplitude
U_B	Biasspannung
v_s	Geschwindigkeit der Cooper-Paare
w	Breite

Z_0	Wellenwiderstand

Griechische Buchstaben

α	Steilheit
δI	Stromauflösung
Δ	Differenz
Δ_0	Energielücke
tan_δ	Verlustwinkel
κ	Koppelkoeffizient
λ	Wellenlänge
λ_C	Cut-Off Wellenlänge
Φ	Magnetfeld
σ	Standardabweichung
τ	Zeitkonstante

Abbildungsverzeichnis

Tabellenverzeichnis

Literaturverzeichnis

[1] R. H. Hadfield, "Single-photon detectors for optical quantum information applications," *Nature photonics*, vol. 3, no. 12, p. 696, 2009.

[2] D. M. Boroson, B. S. Robinson, D. V. Murphy, D. A. Burianek, F. Khatri, J. M. Kovalik, Z. Sodnik, und D. M. Cornwell, "Overview and results of the lunar laser communication demonstration," *Free-Space Laser Communication and Atmospheric Propagation XXVI*, vol. 8971, p. 89710S, 2014.

[3] V. Spanoudaki, A. Mann, A. Otte, I. Konorov, I. Torres-Espallardo, S. Paul, und S. Ziegler, "Use of single photon counting detector arrays in combined PET/MR: Characterization of LYSO-SiPM detector modules and comparison with a LSO-APD detector," *Journal of Instrumentation*, vol. 2, no. 12, p. P12002, 2007.

[4] K. Suhling, J. Siegel, D. Phillips, P. M. French, S. Lévêque-Fort, S. E. Webb, und D. M. Davis, "Imaging the environment of green fluorescent protein," *Biophysical journal*, vol. 83, no. 6, pp. 3589–3595, 2002.

[5] J. Boutot, J. Nussli, und D. Vallat, "Recent trends in photomultipliers for nuclear physics," *Advances in Electronics and Electron Physics*, vol. 60, pp. 223–305, 1983.

[6] F. Zappa, S. Tisa, A. Tosi, und S. Cova, "Principles and features of single-photon avalanche diode arrays," *Sensors and Actuators A: Physical*, vol. 140, no. 1, pp. 103–112, 2007.

[7] A. Migdall, S. V. Polyakov, J. Fan, und J. C. Bienfang, *Single-photon generation and detection: physics and applications*. Academic Press, 2013.

[8] M. D. Eisaman, J. Fan, A. Migdall, und S. V. Polyakov, "Invited review article: Single-photon sources and detectors," *Review of scientific instruments*, vol. 82, no. 7, p. 071101, 2011.

[9] J.-R. Ohm und H. D. Lüke, *Signalübertragung: Grundlagen der digitalen und analogen Nachrichtenübertragungssysteme, 11. Auflage*. Springer-Verlag, 2010.

[10] M. Werner, *Nachrichtentechnik: eine Einführung für alle Studiengänge*. Springer-Verlag, 2006.

[11] R. L. Hartley, "Transmission of information," *Bell System Technical Journal*, vol. 7, no. 3, pp. 535–563, 1928.

[12] C. E. Shannon, "A Mathematical Theory of Communication," *Bell System Technical Journal*, vol. 27, no. 3, pp. 379–423, 1948.

[13] K. D. Irwin, "Shannon Limits for Low-Temperature Detector Readout," *AIP Conference Proceedings*, vol. 1185, no. 1, pp. 229–236, 2009.

[14] D. H. Andrews, W. F. Brucksch, W. T. Ziegler, und E. R. Blanchard, "Attenuated Superconductors I. For Measuring Infra-Red Radiation," *Review of Scientific Instruments*, vol. 13, no. 7, pp. 281–292, 1942.

[15] A. E. Lita, B. Calkins, L. Pellouchoud, A. J. Miller, und S. Nam, "Superconducting transition-edge sensors optimized for high-efficiency photon-number resolving detectors," *Advanced Photon Counting Techniques IV*, vol. 7681, p. 76810D, 2010.

[16] B. Cabrera, R. M. Clarke, P. Colling, A. J. Miller, S. Nam, und R. W. Romani, "Detection of single infrared, optical, and ultraviolet photons using superconducting transition edge sensors," *Applied Physics Letters*, vol. 73, no. 6, pp. 735–737, 1998.

[17] A. E. Lita, A. J. Miller, und S. W. Nam, "Counting near-infrared single-photons with 95% efficiency," *Optics Express*, vol. 16, pp. 3032–3040, Mar 2008.

[18] A. Lamas-Linares, B. Calkins, N. A. Tomlin, T. Gerrits, A. E. Lita, J. Beyer, R. P. Mirin, und S. Woo Nam, "Nanosecond-scale timing jitter for single photon detection in transition edge sensors," *Applied Physics Letters*, vol. 102, no. 23, p. 231117, 2013.

[19] G. N. Gol'tsman, O. Okunev, G. Chulkova, A. Lipatov, A. Semenov, K. Smirnov, B. Voronov, A. Dzardanov, C. Williams, und R. Sobolewski, "Picosecond superconducting single-photon optical detector," *Applied Physics Letters*, vol. 79, no. 6, pp. 705–707, 2001.

[20] A. Engel, J. J. Renema, K. Il'in, und A. Semenov, "Detection mechanism of superconducting nanowire single-photon detectors," *Superconductor Science and Technology*, vol. 28, no. 11, p. 114003, 2015.

[21] A. J. Annunziata, O. Quaranta, D. F. Santavicca, A. Casaburi, L. Frunzio, M. Ejrnaes, M. J. Rooks, R. Cristiano, S. Pagano, A. Frydman, und D. E. Prober, "Reset dynamics

and latching in niobium superconducting nanowire single-photon detectors," *Journal of Applied Physics*, vol. 108, no. 8, p. 084507, 2010.

[22] D. Rosenberg, A. Kerman, R. Molnar, und E. Dauler, "High-speed and high-efficiency superconducting nanowire single photon detector array," *Optics express*, vol. 21, no. 2, pp. 1440–1447, 2013.

[23] F. Marsili, V. B. Verma, J. A. Stern, S. Harrington, A. E. Lita, T. Gerrits, I. Vayshenker, B. Baek, M. D. Shaw, R. P. Mirin, und S. W. Nam, "Detecting single infrared photons with 93 % system efficiency," *Nature Photonics*, vol. 7, 2013.

[24] I. E. Zadeh, J. W. N. Los, R. B. M. Gourgues, V. Steinmetz, G. Bulgarini, S. M. Dobrovolskiy, V. Zwiller, und S. N. Dorenbos, "Single-photon detectors combining high efficiency, high detection rates, and ultra-high timing resolution," *APL Photonics*, vol. 2, no. 11, p. 111301, 2017.

[25] K. K. Likharev, "Ultrafast superconductor digital electronics: RSFQ technology roadmap," *Czechoslovak Journal of Physics*, vol. 46, no. 6, pp. 3331–3338, 1996.

[26] A. N. McCaughan, "Readout architectures for superconducting nanowire single photon detectors," *Superconductor Science and Technology*, vol. 31, no. 4, 2018.

[27] J. Chervenak, K. D. Irwin, E. N. Grossman, J. M. Martinis, C. D. Reintsema, und M. Huber, "Superconducting multiplexer for arrays of transition edge sensors," *Applied Physics Letters*, vol. 74, no. 26, pp. 4043–4045, 1999.

[28] K. D. Irwin, "SQUID multiplexers for transition-edge sensors," *Physica C: Superconductivity*, vol. 368, no. 1-4, pp. 203–210, 2002.

[29] A. I. Braginski und J. Clark, *The SQUID Handbook: Fundamentals and Technology of SQUIDs and SQUID Systems*. Wiley, 2004.

[30] W. Buckel und R. Kleiner, *Supraleitung: Grundlagen und Anwendungen*. Wiley, 2013.

[31] M. Hofherr, M. Arndt, K. Il'in, D. Henrich, M. Siegel, J. Toussaint, T. May, und H.-G. Meyer, "Time-tagged multiplexing of serially biased superconducting nanowire single-photon detectors," *IEEE Transactions on Applied Superconductivity*, vol. 23, no. 3, pp. 2501205–2501205, 2013.

[32] Q.-Y. Zhao, D. Zhu, N. Calandri, A. E. Dane, A. N. McCaughan, F. Bellei, H.-Z. Wang, D. F. Santavicca, und K. K. Berggren, "Single-photon imager based on a superconducting nanowire delay line," *Nature Photonics*, vol. 11, no. 4, p. 247, 2017.

[33] A. J. Kerman, E. A. Dauler, J. K. Yang, K. M. Rosfjord, V. Anant, K. K. Berggren, G. N. Gol'tsman, und B. M. Voronov, "Constriction-limited detection efficiency of superconducting nanowire single-photon detectors," *Applied Physics Letters*, vol. 90, no. 10, p. 101110, 2007.

[34] T. Lanting, H.-M. Cho, J. Clarke, M. Dobbs, A. T. Lee, M. Lueker, P. Richards, A. Smith, und H. Spieler, "Frequency domain multiplexing for bolometer arrays," *Nuclear Instruments and Methods in Physics Research Section A: Accelerators, Spectrometers, Detectors and Associated Equipment*, vol. 520, no. 1-3, pp. 548–550, 2004.

[35] J. Mates, G. C. Hilton, K. D. Irwin, L. R. Vale, und K. W. Lehnert, "Demonstration of a multiplexer of dissipationless superconducting quantum interference devices," *Applied Physics Letters*, vol. 92, no. 2, p. 023514, 2008.

[36] P. K. Day, H. G. LeDuc, B. A. Mazin, A. Vayonakis, und J. Zmuidzinas, "A broadband superconducting detector suitable for use in large arrays," *Nature*, vol. 425, p. 817, 2003.

[37] S. Doyle, P. Mauskopf, J. Naylon, A. Porch, und C. Duncombe, "Lumped Element Kinetic Inductance Detectors," *Journal of Low Temperature Physics*, vol. 151, pp. 530–536, Apr 2008.

[38] S. Meeker, B. Mazin, R. Jensen-Clem, A. Walter, P. Szypryt, M. Strader, und C. Bockstiegel, "Design and development status of MKID integral field spectrographs for high contrast imaging," *Adaptive Optics for Extremely Large Telescopes 4–Conference Proceedings*, vol. 1, no. 1, 2015.

[39] B. A. Mazin, B. Bumble, S. R. Meeker, K. O'Brien, S. McHugh, und E. Langman, "A superconducting focal plane array for ultraviolet, optical, and near-infrared astrophysics," *Optics Express*, vol. 20, pp. 1503–1511, Jan 2012.

[40] J. Gao, M. Vissers, M. Sandberg, F. Da Silva, S. W. Nam, D. Pappas, D. Wisbey, E. Langman, S. Meeker, B. Mazin, *et al.*, "A titanium-nitride near-infrared kinetic inductance photon-counting detector and its anomalous electrodynamics," *Applied Physics Letters*, vol. 101, no. 14, p. 142602, 2012.

[41] B. S. Karasik und W. R. McGrath, "Novel multiplexing technique for detector and mixer arrays," *Proceedings of the 12th International Symposium on Space Terahertz Technolog*, pp. 436–445, 2001.

[42] M. Hofherr, O. Wetzstein, S. Engert, T. Ortlepp, B. Berg, K. Ilin, D. Henrich, R. Stolz, H. Toepfer, H.-G. Meyer, *et al.*, "Orthogonal sequencing multiplexer for superconducting

nanowire single-photon detectors with RSFQ electronics readout circuit," *Optics express*, vol. 20, no. 27, pp. 28683–28697, 2012.

[43] M. D. Niemack, J. Beyer, H. Cho, W. Doriese, G. Hilton, K. Irwin, C. D. Reintsema, D. R. Schmidt, J. N. Ullom, und L. R. Vale, "Code-division SQUID multiplexing," *Applied Physics Letters*, vol. 96, no. 16, p. 163509, 2010.

[44] J. W. Fowler, W. B. Doriese, G. Hilton, K. Irwin, D. Schmidt, G. Stiehl, D. Swetz, J. N. Ullom, und L. Vale, "Optimization and analysis of code-division multiplexed TES microcalorimeters," *Journal of Low Temperature Physics*, vol. 167, no. 5-6, pp. 713–720, 2012.

[45] P. Richards, "Bolometers for infrared and millimeter waves," *Journal of Applied Physics*, vol. 76, no. 1, pp. 1–24, 1994.

[46] R. Müller, *Rauschen*. Springer-Verlag, 2013.

[47] X. de la Broïse und A. Bounab, "Cryogenic ultra-low noise HEMT amplifiers board," *Nuclear Instruments and Methods in Physics Research Section A: Accelerators, Spectrometers, Detectors and Associated Equipment*, vol. 787, pp. 51–54, 2015.

[48] M. Mück, J. Kycia, und J. Clarke, "Superconducting quantum interference device as a near-quantum-limited amplifier at 0.5 GHz," *Applied Physics Letters*, vol. 78, no. 7, pp. 967–969, 2001.

[49] K. D. Irwin und M. Huber, "SQUID operational amplifier," *IEEE transactions on applied superconductivity*, vol. 11, no. 1, pp. 1265–1270, 2001.

[50] N. G. Czakon, J. A. Schlaerth, P. K. Day, T. P. Downes, R. P. Duan, J. Gao, J. Glenn, S. R. Golwala, M. I. Hollister, H. G. LeDuc, *et al.*, "Optimization of MKID noise performance via readout technique for astronomical applications," *Millimeter, Submillimeter, and Far-Infrared Detectors and Instrumentation for Astronomy V*, vol. 7741, p. 77410Q, 2010.

[51] J. Zmuidzinas, "Superconducting microresonators: Physics and applications," *Annual Review of Condensed Matter Physics*, vol. 3, no. 1, pp. 169–214, 2012.

[52] R. Romestain, B. Delaet, P. Renaud-Goud, I. Wang, C. Jorel, J. Villegier, und J.-P. Poizat, "Fabrication of a superconducting niobium nitride hot electron bolometer for single-photon counting," *New Journal of Physics*, vol. 6, no. 1, p. 129, 2004.

[53] D. M. Pozar, *Microwave Engineering*. Wiley, 2011.

[54] D. F. Santavicca, J. K. Adams, L. E. Grant, A. N. McCaughan, und K. K. Berggren, "Microwave dynamics of high aspect ratio superconducting nanowires studied using self-resonance," *Journal of Applied Physics*, vol. 119, no. 23, p. 234302, 2016.

[55] I. J. Bahl, *Lumped elements for RF and microwave circuits.* Artech house, 2003.

[56] O. Zinke und H. Brunswig, *Hochfrequenztechnik 2: Elektronik und Signalverarbeitung, 5. Auflage.* Springer-Verlag, 1999.

[57] M. Hofherr, *Real-time imaging systems for superconducting nanowire single-photon detector arrays.* KIT Scientific Publishing, 2014.

[58] Sonnet Software Inc., *Handbuch der Software: Sonnet Suite 16.* 2015.

[59] J. Talvacchio und G. R. Wagner, "High Tc film development for electronic applications," *Superconductivity Applications for Infrared and Microwave Devices*, vol. 1292, pp. 2–13, 1990.

[60] J. Bray und L. Roy, "Measuring the unloaded, loaded, and external quality factors of one-and two-port resonators using scattering-parameter magnitudes at fractional power levels," *IEEE Proceedings-Microwaves, Antennas and Propagation*, vol. 151, no. 4, pp. 345–350, 2004.

[61] J. K. W. Yang, A. J. Kerman, E. A. Dauler, V. Anant, K. M. Rosfjord, und K. K. Berggren, "Modeling the Electrical and Thermal Response of Superconducting Nanowire Single-Photon Detectors," *IEEE Transactions on Applied Superconductivity*, vol. 17, pp. 581–585, June 2007.

[62] A. Semenov, P. Haas, H.-W. Hübers, K. Ilin, M. Siegel, A. Kirste, D. Drung, T. Schurig, und A. Engel, "Intrinsic quantum efficiency and electro-thermal model of a superconducting nanowire single-photon detector," *Journal of Modern Optics*, vol. 56, no. 2-3, pp. 345–351, 2009.

[63] Keysight Technologies, *Handbuch der Software: Advanced Design System.* 2017.

[64] A. Heuberger und E. Gamm, *Software Defined Radio-Systeme für die Telemetrie: Aufbau und Funktionsweise von der Antenne bis zum Bit-Ausgang.* Springer-Verlag, 2017.

[65] D. M. Binkley, *Development and analysis of non-delay-line constant-fraction discriminator timing circuits, including a fully-monolithic CMOS implementation.* University of Tennessee, Knoxville, 1992.

[66] S. Dörner, *Erhöhung der spektralen Bandbreite von NbN SNSPDs*. Bachelorarbeit: Karlsruhe Institut der Technology (KIT), Insitut für Mikro- und Nanoelektronische Systeme (IMS), 2012.

[67] A. Semenov, A. Engel, H.-W. Hübers, K. Il'in, und M. Siegel, "Spectral cut-off in the efficiency of the resistive state formation caused by absorption of a single-photon in current-carrying superconducting nano-strips," *The European Physical Journal B-Condensed Matter and Complex Systems*, vol. 47, no. 4, pp. 495–501, 2005.

[68] M. Hofherr, D. Rall, K. Ilin, M. Siegel, A. Semenov, H.-W. Hübers, und N. Gippius, "Intrinsic detection efficiency of superconducting nanowire single-photon detectors with different thicknesses," *Journal of Applied Physics*, vol. 108, no. 1, p. 014507, 2010.

[69] A. J. Annunziata, D. F. Santavicca, L. Frunzio, G. Catelani, M. J. Rooks, A. Frydman, und D. E. Prober, "Tunable superconducting nanoinductors," *Nanotechnology*, vol. 21, no. 44, p. 445202, 2010.

[70] S. Anlage, H. Snortland, und M. Beasley, "A current controlled variable delay superconducting transmission line," *IEEE Transactions on Magnetics*, vol. 25, no. 2, pp. 1388–1391, 1989.

[71] M. Tinkham, *Introduction to superconductivity*. Courier Corporation, 1996.

[72] L. Swenson, P. Day, B. Eom, H. Leduc, N. Llombart, C. McKenney, O. Noroozian, und J. Zmuidzinas, "Operation of a titanium nitride superconducting microresonator detector in the nonlinear regime," *Journal of Applied Physics*, vol. 113, no. 10, p. 104501, 2013.

[73] S. Wuensch, R. Prinz, C. Groetsch, und M. Siegel, "Optimized microwave LEKID arrays for high-resolution applications," *IEEE Transactions on Applied Superconductivity*, vol. 23, no. 3, pp. 2400706–2400706, 2013.

[74] J. R. Clem und K. K. Berggren, "Geometry-dependent critical currents in superconducting nanocircuits," *Physical Review B*, vol. 84, no. 17, p. 174510, 2011.

[75] A. Ludloff, *Praxiswissen Radar und Radarsignalverarbeitung*. Vieweg+Teubner Verlag, 2002.

[76] B. A. Mazin, B. Bumble, P. K. Day, M. E. Eckart, S. Golwala, J. Zmuidzinas, und F. A. Harrison, "Position sensitive x-ray spectrophotometer using microwave kinetic inductance detectors," *Applied physics letters*, vol. 89, no. 22, p. 222507, 2006.

[77] W. S. Holland, C. R. Cunningham, W. K. Gear, T. Jenness, K. Laidlaw, J. F. Lightfoot, und E. I. Robson, "SCUBA: a submillimeter camera operating on the James Clerk Maxwell

Telescope," *Advanced Technology MMW, Radio, and Terahertz Telescopes*, vol. 3357, pp. 305–319, 1998.

[78] J. Glenn, J. J. Bock, G. Chattopadhyay, S. F. Edgington, A. E. Lange, J. Zmuidzinas, P. D. Mauskopf, B. Rownd, L. Yuen, und P. A. Ade, "Bolocam: a millimeter-wave bolometric camera," *Advanced Technology MMW, Radio, and Terahertz Telescopes*, vol. 3357, pp. 326–335, 1998.

[79] J. Cottam, K. Boyce, G. Brown, E. Figueroa-Feliciano, R. Kelley, V. Ponce, F. Porter, C. Stahle, und W. Tillotson, "Characterization of the Astro-E2 X-ray spectrometer," *Nuclear Instruments and Methods in Physics Research Section A: Accelerators, Spectrometers, Detectors and Associated Equipment*, vol. 520, no. 1-3, pp. 368–371, 2004.

[80] D. Barret, T. L. Trong, J.-W. Den Herder, L. Piro, M. Cappi, J. Houvelin, R. Kelley, J. M. Mas-Hesse, K. Mitsuda, S. Paltani, *et al.*, "The Athena x-ray integral field unit (X-IFU)," *Space Telescopes and Instrumentation 2018: Ultraviolet to Gamma Ray*, vol. 10699, p. 106991G, 2018.

[81] L. Gottardi, J. Adams, C. Bailey, S. Bandler, M. Bruijn, J. Chervenak, M. Eckart, F. Finkbeiner, R. den Hartog, H. Hoevers, *et al.*, "Study of the dependency on magnetic field and bias voltage of an ac-biased TES microcalorimeter," *Journal of low temperature physics*, vol. 167, no. 3-4, pp. 214–219, 2012.

[82] Keysight Technologies, *Handbuch: Keysight E8361A/C PNA Network Analyzer*. 2014.

[83] M. R. Vissers, J. Hubmayr, M. Sandberg, S. Chaudhuri, C. Bockstiegel, und J. Gao, "Frequency-tunable superconducting resonators via nonlinear kinetic inductance," *Applied Physics Letters*, vol. 107, no. 6, p. 062601, 2015.

[84] H. Kronmuller, *Digitale Signalverarbeitung*. Springer-Verlag, 1991.

[85] J. Mates, D. T. Becker, D. A. Bennett, B. Dober, J. Gard, J. Hays-Wehle, J. Fowler, G. Hilton, C. Reintsema, D. Schmidt, *et al.*, "Simultaneous readout of 128 X-ray and gamma-ray transition-edge microcalorimeters using microwave SQUID multiplexing," *Applied Physics Letters*, vol. 111, no. 6, p. 062601, 2017.

[86] K. Irwin, "An application of electrothermal feedback for high resolution cryogenic particle detection," *Applied Physics Letters*, vol. 66, no. 15, pp. 1998–2000, 1995.

[87] B. S. Karasik, S. V. Pereverzev, D. Olaya, J. Wei, M. E. Gershenson, und A. V. Sergeev, "Noise measurements in hot-electron titanium nanobolometers," *IEEE Transactions on Applied Superconductivity*, vol. 19, no. 3, pp. 532–535, 2009.

[88] T. May, V. Zakosarenko, E. Kreysa, W. Esch, S. Anders, H.-P. Gemuend, E. Heinz, und H.-G. Meyer, "Design, realization, and characteristics of a transition edge bolometer for sub-millimeter wave astronomy," *Review of Scientific Instruments*, vol. 83, no. 11, p. 114502, 2012.

[89] T. Irimatsugawa, F. Hirayama, H. Yamamori, S. Kohjiro, A. Sato, S. Nagasawa, D. Fukuda, M. Hidaka, Y. Sato, M. Ohno, *et al.*, "Study of Nb and NbN Resonators at 0.1 K for Low-Noise Microwave SQUID Multiplexers," *IEEE Transactions on Applied Superconductivity*, vol. 27, no. 4, pp. 1–5, 2017.

[90] X. Liu, W. Guo, Y. Wang, M. Dai, L. Wei, B. Dober, C. McKenney, G. Hilton, J. Hubmayr, J. Austermann, *et al.*, "Superconducting micro-resonator arrays with ideal frequency spacing," *Applied Physics Letters*, vol. 111, no. 25, p. 252601, 2017.

[91] S. Shu, M. Calvo, J. Goupy, S. Leclercq, A. Catalano, A. Bideaud, A. Monfardini, und E. F. Driessen, "Increased multiplexing of superconducting microresonator arrays by post-characterization adaptation of the on-chip capacitors," *Applied Physics Letters*, vol. 113, no. 8, p. 082603, 2018.

[92] F. Hirayama, S. Kohjiro, D. Fukuda, H. Yamamori, S. Nagasawa, und M. Hidaka, "Microwave SQUID multiplexer for TES readout," *IEEE Transactions on Applied Superconductivity*, vol. 23, no. 3, pp. 2500405–2500405, 2013.

[93] F. London und H. London, "The electromagnetic equations of the supraconductor," *Proceedings of the Royal Society of London A: Mathematical, Physical and Engineering Sciences*, vol. 149, no. 866, pp. 71–88, 1935.

[94] S. Remillard, *Two-Fluid Model Surface Impedance: A Tutorial for Work in the Hope College Microwave Group*. researchgate.net, 2017.

[95] R. N. Simons, *Coplanar waveguide circuits, components, and systems*. Wiley, 2004.

[96] R. E. Collin, *Foundations for microwave engineering*. Wiley, 2007.

[97] Z. Wang, A. Kawakami, Y. Uzawa, und B. Komiyama, "Superconducting properties and crystal structures of single-crystal niobium nitride thin films deposited at ambient substrate temperature," *Journal of applied physics*, vol. 79, no. 10, pp. 7837–7842, 1996.

Liste eigener Publikationen

[CSB+17a] I. Charaev, T. Silbernagel, B. Bachowsky, A. Kuzmin, S. Doerner, K. Ilin, A. Semenov, D. Roditchev, D. Vodolazov, und M. Siegel. Enhancement of superconductivity in nbn nanowires by negative electron-beam lithography with positive resist. *Journal of Applied Physics*, 122(8):083901, 2017.

[CSB+17b] I. Charaev, T. Silbernagel, B. Bachowsky, A. Kuzmin, S. Doerner, K. Ilin, A. Semenov, D. Roditchev, D. Vodolazov, und M. Siegel. Proximity effect model of ultranarrow nbn strips. *Physical Review B*, 96(18):184517, 2017.

[CSD+16] I. Charaev, A. Semenov, S. Doerner, G. Gomard, K. Ilin, und M. Siegel. Current dependence of the hot-spot response spectrum of superconducting single-photon detectors with different layouts. *Superconductor Science and Technology*, 30(2):025016, 2016.

[DKG+18] S. Doerner, A. Kuzmin, K. Graf, I. Charaev, S. Wuensch, und M. Siegel. Compact microwave kinetic inductance nanowire galvanometer for cryogenic detectors at 4.2 k. *Journal of Physics Communications*, 2(2):025016, 2018.

[DKW+16] S. Doerner, A. Kuzmin, S. Wuensch, K. Ilin, und M. Siegel. Operation of superconducting nanowire single-photon detectors embedded in lumped-element resonant circuits. *IEEE Transactions on Applied Superconductivity*, 26(3):1–5, 2016.

[DKW+17a] S. Doerner, A. Kuzmin, S. Wuensch, I. Charaev, F. Boes, T. Zwick, und M. Siegel. Frequency-multiplexed bias and readout of a 16-pixel superconducting nanowire single-photon detector array. *Applied Physics Letters*, 111(3):032603, 2017.

[DKW+17b] S. Doerner, A. Kuzmin, S. Wuensch, I. Charaev, und M. Siegel. Operation of multipixel radio-frequency superconducting nanowire single-photon detector arrays. *IEEE Transactions on Applied Superconductivity*, 27(4):1–5, 2017.

[DKWS19] S. Doerner, A. Kuzmin, S. Wuensch, und M. Siegel. Comparison of snspds biased with microwave and direct currents. *IEEE Transactions on Applied Superconductivity*, 29(5):1–4, 2019.

[HDH$^+$12] D. Henrich, S. Doerner, M. Hofherr, K. Il'in, A. Semenov, E. Heintze, M. Scheffler, M. Dressel, und M. Siegel. Broadening of hot-spot response spectrum of superconducting nbn nanowire single-photon detector with reduced nitrogen content. *Journal of Applied Physics*, 112(7):074511, 2012.

[HRD$^+$13] D. Henrich, L. Rehm, S. Doerner, M. Hofherr, K. Il'in, A. Semenov, und M. Siegel. Detection efficiency of a spiral-nanowire superconducting single-photon detector. *IEEE Transactions on Applied Superconductivity*, 23(3):2200405–2200405, 2013.

[KDS$^+$18] A. Kuzmin, S. Doerner, S. Singer, I. Charaev, K. Ilin, S. Wuensch, und M. Siegel. Terahertz transition-edge sensor with kinetic-inductance amplifier at 4.2 k. *IEEE Transactions on Terahertz Science and Technology*, 8(6):622–629, 2018.

[KDW$^+$19] A. Kuzmin, S. Doerner, S. Wuensch, K. Ilin, M. Siegel, M. Sidorova, und A. Semenov. Geometrical jitter and bolometric regime in photon detection by straight superconducting nanowire. *IEEE Transactions on Applied Superconductivity*, 29(5):1–5, 2019.

[SSH$^+$17] M. Sidorova, A. Semenov, H.-W. Hübers, I. Charaev, A. Kuzmin, S. Doerner, und M. Siegel. Physical mechanisms of timing jitter in photon detection by current-carrying superconducting nanowires. *Physical Review B*, 96(18):184504, 2017.

[SSH$^+$18] M. Sidorova, A. Semenov, H.-W. Hübers, A. Kuzmin, S. Doerner, K. Ilin, M. Siegel, I. Charaev, und D. Vodolazov. Timing jitter in photon detection by straight superconducting nanowires: Effect of magnetic field and photon flux. *Physical Review B*, 98(13):134504, 2018.

[SSK$^+$18] M. Sidorova, A. Semenov, A. Kuzmin, I. Charaev, S. Doerner, und M. Siegel. Intrinsic jitter in photon detection by straight superconducting nanowires. *IEEE Transactions on Applied Superconductivity*, 28(7):1–4, 2018.

Betreute studentische Arbeiten

[Bae17] In-Ho Baek. Untersuchung der zeitlichen auflösung von supraleitenden einzelphotonendetektoren mit unterschiedlichen mänderformen. Bachelorarbeit, Karlsruhe Institut der Technology (KIT), Insitut für Mikro- und Nanoelektronische Systeme (IMS), 2017.

[Gra17] Klaus Graf. Entwurf eines supraleitenden schwingkreises mit verstimmbarer resonanzfrequenz zur auslese von supraleitenden detektoren. Masterarbeit, Karlsruhe Institut der Technology (KIT), Insitut für Mikro- und Nanoelektronische Systeme (IMS), 2017.

[Lai16] Gerit Laicher. Entwurf von schwingkreisen mit hoher güte zur implementierung von radio-frequency superconducting nanowire single-photon detectors. Bachelorarbeit, Karlsruhe Institut der Technology (KIT), Insitut für Mikro- und Nanoelektronische Systeme (IMS), 2016.

[Sch17] Benjamin Schätzle. Entwicklung eines radio-frequency superconducting nanowire single-photon detectors für den betrieb mit gleich- und wechselstrom. Bachelorarbeit, Karlsruhe Institut der Technology (KIT), Insitut für Mikro- und Nanoelektronische Systeme (IMS), 2017.

[Sch18] Simon Schmid. Entwicklung hochsensitiver nbn terahertz bolometer durch thermisceh entkopplung von mikrobrücken. Masterarbeit, Karlsruhe Institut der Technology (KIT), Insitut für Mikro- und Nanoelektronische Systeme (IMS), 2018.

[Sin15] Stefan Singer. Optimierung supraleitender schwingkreise zur auslese von „superconducting nanowire single-photon detectors“. Bachelorarbeit, Karlsruhe Institut der Technology (KIT), Insitut für Mikro- und Nanoelektronische Systeme (IMS), 2015.

[Sin18] Stefan Singer. Entwurf eines universellen stromsensorarrays zur sensitiven auslese von kryogenen detektoren. Masterarbeit, Karlsruhe Institut der Technology (KIT), Insitut für Mikro- und Nanoelektronische Systeme (IMS), 2018.

Konferenzbeiträge auf internationalen Tagungen

- S. Doerner, A. Kuzmin, S. Wuensch, K. Ilin, und M. Siegel. *Operation of Superconducting Nanowire Single-Photon Detectors embedded in lumped-element resonant circuits.* European Conference on Applied Superconductivity, Lyon, Frankreich, 2015.
- S. Doerner, A. Kuzmin, S. Wuensch, K. Ilin, und M. Siegel. *Readout and biasing of SNSPDs using a frequency division multiplexing scheme.* Workshop on readout electronics for radiation and particle detectors, Erfurt, Deutschland, 2015.
- S. Doerner, A. Kuzmin, S. Wuensch, K. Ilin, und M. Siegel. *Superconducting Nanowire Single-Photon Detectors embedded in lumped-element resonant circuits.* Karlsruhe Days of Optics and Photonics, Karlsruhe, Deutschland, 2015.
- S. Doerner, A. Kuzmin, S. Wuensch, I. Charaev, und M. Siegel. *Operation of Multi-Pixel Radio-Frequency Superconducting Nanowire Single-Photon Detector Arrays.* Applied Superconductivity Conference, Denver, USA, 2016.
- S. Doerner, A. Kuzmin, S. Wuensch, I. Charaev, und M. Siegel. *Optimized Microwave Design of Radio-Frequency Superconducting Nanowire Single-Photon Detectors for Multi-Pixel Applications.* Tagung Kryoelektronische Bauelemente, Freyburg (Unstrut), Deutschland, 2016.
- S. Doerner, A. Kuzmin, S. Wuensch, I. Charaev, und M. Siegel. *Radio-Frequency Superconducting Nanowire Single-Photon Detectors with multiplexed bias- and readout.* Workshop on Nanowire Superconducting Single Photon Detectors, Leiden, Niederlande, 2016.
- S. Doerner, A. Kuzmin, S. Wuensch, I. Charaev, und M. Siegel. *A 16-pixel Superconducting Nanowire Single-Photon Detector Array with an integrated frequency-division multiplexing architecture.* Tagung Kryoelektronische Bauelemente, Bad Aibling, Deutschland, 2017.
- S. Doerner, A. Kuzmin, S. Wuensch, I. Charaev, und M. Siegel. *Frequency Multiplexing of Superconducting Nanowire Single-Photon Detectors.* International Superconductive Electronics Conference, Sorrento, Italien, 2017.

- S. Doerner, A. Kuzmin, S. Wuensch, und M. Siegel. *Frequency Multiplexing of Superconducting Nanowire Single-Photon Detector (SNSPD) Arrays*. Karlsruhe Days of Optics and Photonics, Karlsruhe, Deutschland, 2017.

- S. Doerner, A. Kuzmin, S. Wuensch, und M. Siegel. 683. WE-Heraeus-Seminar - Physics and Applications of Superconducting Nanowire Single Photon Detectors, Bad Honnef, Deutschland, 2018.

- S. Doerner, A. Kuzmin, S. Wuensch, und M. Siegel. *Advantages of Microwave Biased Superconducting Nanowire Single-Photon Detectors*. Applied Superconductivity Conference, Seattle, USA, 2018.

- S. Doerner, S. Wuensch, A. Kuzmin, M. Merker, und M. Siegel. *Radio-frequency operation of Superconducting Nanowire Single-Photon Detectors*. Tagung Kryoelektronische Bauelemente, Berlin, Deutschland, 2014.

- D. Henrich, P. Reichensperger, Y. Luck, L. Rehm, S. Doerner, J. M. Meckbach, M. Hofherr, K. Il'in, M. Siegel, A. Semenov, H.-W. Hübers, und D. Vodolazov. *Effect of Bends on the Critical Current in Superconducting Nanowires*. Applied Superconductivity Conference, Portland, USA, 2012.

Karlsruher Schriftenreihe zur Supraleitung

Karlsruher Institut für Technologie (KIT) | ISSN 1869-1765

Herausgeber: Prof. Dr.-Ing. M. Noe, Prof. Dr. rer. nat. M. Siegel

Band 001	**Christian Schacherer** Theoretische und experimentelle Untersuchungen zur Entwicklung supraleitender resistiver Strombegrenzer. 2009 ISBN 978-3-86644-412-6
Band 002	**Alexander Winkler** Transient behaviour of ITER poloidal field coils. 2011 ISBN 978-3-86644-595-6
Band 003	**André Berger** Entwicklung supraleitender, strombegrenzender Transformatoren. 2011 ISBN 978-3-86644-637-3
Band 004	**Christoph Kaiser** High quality Nb/Al-AlOx/Nb Josephson junctions. Technological development and macroscopic quantum experiments. 2011 ISBN 978-3-86644-651-9
Band 005	**Gerd Hammer** Untersuchung der Eigenschaften von planaren Mikrowellenresonatoren für Kinetic-Inductance Detektoren bei 4,2 K. 2011 ISBN 978-3-86644-715-8
Band 006	**Olaf Mäder** Simulationen und Experimente zum Stabilitätsverhalten von HTSL-Bandleitern. 2012 ISBN 978-3-86644-868-1

Band 007 **Christian Barth**
High Temperature Superconductor Cable Concepts
for Fusion Magnets. 2013
ISBN 978-3-7315-0065-0

Band 008 **Axel Stockhausen**
Optimization of Hot-Electron Bolometers for THz Radiation. 2013
ISBN 978-3-7315-0066-7

Band 009 **Petra Thoma**
Ultra-fast $YBa_2Cu_3O_{7-x}$ direct detectors for the THz
frequency range. 2013
ISBN 978-3-7315-0070-4

Band 010 **Dagmar Henrich**
Influence of Material and Geometry on the Performance
of Superconducting Nanowire Single-Photon Detectors. 2013
ISBN 978-3-7315-0092-6

Band 011 **Alexander Scheuring**
Ultrabreitbandige Strahlungseinkopplung in THz-Detektoren. 2013
ISBN 978-3-7315-0102-2

Band 012 **Markus Rösch**
Development of lumped element kinetic inductance detectors
for mm-wave astronomy at the IRAM 30 m telescope. 2013
ISBN 978-3-7315-0110-7

Band 013 **Johannes Maximilian Meckbach**
Superconducting Multilayer Technology for Josephson
Devices. 2013
ISBN 978-3-7315-0122-0

Band 014 **Enrico Rizzo**
Simulations for the optimization of High Temperature
Superconductor current leads for nuclear fusion applications. 2014
ISBN 978-3-7315-0132-9

Band 015 **Philipp Krüger**
Optimisation of hysteretic losses in high-temperature superconducting wires. 2014
ISBN 978-3-7315-0185-5

Band 016 **Matthias Hofherr**
Real-time imaging systems for superconducting nanowire single-photon detector arrays. 2014
ISBN 978-3-7315-0229-6

Band 017 **Oliver Näckel**
Development of an Air Coil Superconducting Fault Current Limiter. 2016
ISBN 978-3-7315-0526-6

Band 018 **Christoph M. Bayer**
Characterization of High Temperature Superconductor Cables for Magnet Toroidal Field Coils of the DEMO Fusion Power Plant. 2017
ISBN 978-3-7315-0605-8

Band 019 **Shengnan Zou**
Magnetization of High Temperature Superconducting Trapped-Field Magnets. 2017
ISBN 978-3-7315-0715-4

Band 020 **Ilya Charaev**
Improving the Spectral Bandwidth of Superconducting Nanowire Single-Photon Detectors (SNSPDs). 2018
ISBN 978-3-7315-0745-1

Band 021 **Juliane Raasch**
Electrical-field sensitive $YBa_2Cu_3O_{7-x}$ detectors for real-time monitoring of picosecond THz pulses. 2019
ISBN 978-3-7315-0786-4

Band 022 **Yingzhen Liu**
Design of a superconducting DC wind generator. 2019
ISBN 978-3-7315-0796-3

Band 023 **Sebastian Hellmann**
Research and Technology Development on Superconducting Current Limiting Transformers. 2019
ISBN 978-3-7315-0804-5

Band 024 **Simon J. Otten**
Characterisation of REBCO Roebel cables. 2019
ISBN 978-3-7315-0904-2

Band 025 **Julia Brandel**
Supraleitende Einzelphotonenzähler: Optimierung der Zeitauflösung und Anwendungsbeispiele aus der Spektroskopie. 2019
ISBN 978-3-7315-0917-2

Band 026 **Dustin Kottonau, Eugen Shabagin, Wescley T. B. de Sousa, Jörn Geisbüsch, Mathias Noe, Hanno Stagge, Simon Fechner, Hannes Woiton, Thomas Küsters**
Bewertung des Einsatzes supraleitender 380-kV-Kabel. 2019
ISBN 978-3-7315-0927-1

Band 027 **Steffen Dörner**
Multifrequenzausleseverfahren von supraleitenden Einzelphotonen-Detektoren. 2019
ISBN 978-3-7315-0961-5